基于双重预防机制的
施工安全风险管控建设

马宜涛 等 编

·北京·

内 容 提 要

本书依据国家现行有关法律、法规与工程建设安全标准等，将双重预防机制分为基础管理类、施工作业类、施工管理类三大类。基础管理类分为资质、管理体系及制度建设、人员资格、施工组织设计与方案、培训与教育、防洪度汛与应急管理、安全生产投入、职业健康等小类；施工作业类分为脚手架工程、基坑工程、模板工程、高处作业、有限空间作业、隧洞施工、顶管施工、金属结构制作与设备安装、起重吊装、围堰施工等小类；施工管理类分为临时用电、施工机具、恶劣天气、现场消防、施工用房等小类，形成深圳水务工程施工双重预防机制之安全风险管控清单共三大类，二十三小类，详细列出每一风险源（点）类型、可能发生事故的类型、风险等级、主要防范措施及法律、法规、规范规程的有关要求。本书可供水务工程施工建设、监理、设计、施工、监测等单位在工程实践中参考。

图书在版编目（CIP）数据

基于双重预防机制的施工安全风险管控建设 / 马宜涛等编. -- 北京 : 中国水利水电出版社, 2025. 3.
ISBN 978-7-5226-3132-5

Ⅰ. TV513

中国国家版本馆CIP数据核字第2025W2D340号

书　　名	**基于双重预防机制的施工安全风险管控建设** JIYU SHUANGCHONG YUFANG JIZHI DE SHIGONG ANQUAN FENGXIAN GUANKONG JIANSHE
作　　者	马宜涛　等编
出版发行	中国水利水电出版社 （北京市海淀区玉渊潭南路1号D座　100038） 网址：www.waterpub.com.cn E - mail：sales@mwr.gov.cn 电话：（010）68545888（营销中心）
经　　售	北京科水图书销售有限公司 电话：（010）68545874、63202643 全国各地新华书店和相关出版物销售网点
排　　版	中国水利水电出版社微机排版中心
印　　刷	清淞永业（天津）印刷有限公司
规　　格	184mm×260mm　16开本　15.75印张　373千字
版　　次	2025年3月第1版　2025年3月第1次印刷
定　　价	**98.00元**

凡购买我社图书，如有缺页、倒页、脱页的，本社营销中心负责调换

版权所有·侵权必究

《基于双重预防机制的施工安全风险管控建设》编委会

主　　编：马宜涛

副 主 编：吴文鑫　侯　飞

参　　编：冉树升　曹广越　余炎威　王学强　张　剑
　　　　　杨文博　朱章伟　张钰璨　刘彩云　苏芬芬
　　　　　陈子凡　张　超　魏　群　张五岳　徐祖群
　　　　　廖喜灵　刘　鹏　王　佳　徐峰伟　黎伟林

编写单位：深圳市龙岗区水务工程质量安全监督站
　　　　　深圳市水务工程检测有限公司
　　　　　中国水电建设集团十五工程局有限公司
　　　　　深圳市龙岗区水务事务中心
　　　　　深圳市东部水源管理中心
　　　　　深圳市龙岗区建筑工务署
　　　　　深圳市深水龙岗水务集团有限公司
　　　　　深圳交易集团有限公司龙岗分公司
　　　　　华润置地有限公司
　　　　　中国水利水电第十四工程局有限公司

前言

2021年9月，构建安全风险分级管控和隐患排查治理双重预防机制（以下简称双重预防机制）被写入新修订的《中华人民共和国安全生产法》，其中第四条、第二十一条、第四十一条就构建双重预防机制作出了具体规定，建立双重预防机制成为企业的"法定义务"，政府安全监督与企业安全管理亟待探索双重预防机制的构建和实施工作。

作为新时代安全管理领域的一项理论创新，双重预防机制就是针对安全生产领域"认不清、想不到"的突出问题，强调安全生产的关口前移，从隐患排查治理前移到安全风险管控。强化风险意识，分析事故发生的全链条，抓住关键环节采取预防措施，防范安全风险管控不到位变成事故隐患、隐患未及时被发现和治理演变成事故。

安全风险管控就是强化源头管理。为规范和指导安全风险的分级管控，企业应制定安全风险分级管控制度，开展风险辨识、风险分析、风险评价等工作。针对不同等级的风险应制定相应的管控措施，明确管控层级、责任部门及责任人等。

全书共6章，第1章工作机制由马宜涛、吴文鑫、张钰璨、张超编写；第2章风险分级管控体系建设由马宜涛、吴文鑫、张钰璨、张超编写；第3章基础管理类安全风险管控清单由马宜涛、吴文鑫、冉树升、曹广越、余炎威、黎伟林编写；第4章施工作业类安全风险管控清单由马宜涛、侯飞、王学强、张剑、杨文博、朱章伟、魏群、张五岳、徐峰伟编写；第5章施工管理类安全风险管控清单由马宜涛、侯飞、刘彩云、苏芬芬、陈子凡、徐祖群、廖喜灵、刘鹏、王佳编写；第 6 章工程项目风险源（点）清单由马宜涛、吴文鑫、侯飞编写。

鉴于作者的水平和时间所限，书中难免存在疏漏和不足，敬请广大读者不吝赐教。

作者

2025 年 3 月

| 目录 |

前言

第 1 章　工作机制　/1

1.1　建设单位　/1

1.2　责任与分工　/1

第 2 章　风险分级管控体系建设　/4

2.1　基本概念　/4

2.2　风险源（点）查找　/5

2.3　危险源辨识　/6

2.4　风险评价　/7

2.5　风险控制措施　/8

2.6　风险告知　/10

2.7　风险分级管控　/11

2.8　风险动态管理　/12

第 3 章　基础管理类安全风险管控清单　/13

3.1　资质　/13

3.2　管理体系及制度建设　/14

3.3　人员资格　/14

3.4　施工组织设计与方案　/15

3.5 培训与教育 /16

3.6 防洪度汛与应急管理 /17

3.7 安全生产投入 /18

3.8 职业健康 /18

第4章 施工作业类安全风险管控清单 /21

4.1 脚手架工程 /21

4.2 基坑工程 /40

4.3 模板支架 /58

4.4 高处作业 /67

4.5 有限空间作业 /83

4.6 隧洞施工 /96

4.7 顶管施工 /128

4.8 金属结构制作与设备安装 /144

4.9 起重吊装 /157

4.10 围堰施工 /177

第5章 施工管理类安全风险管控清单 /182

5.1 临时用电 /182

5.2 施工机具 /200

5.3 恶劣天气 /219

5.4 现场消防 /224

5.5 施工用房 /229

第6章 工程项目风险源（点）清单 /236

6.1 工程施工风险源（点）识别清单（范例） /236

6.2 工程施工风险源（点）管控清单（范例） /238

附录 现行有关法律、法规与工程建设安全标准 /240

第1章 工 作 机 制

建设单位、施工单位、监理单位、勘察单位和设计单位,以及监测单位等与建设项目安全生产有关的单位,必须遵守安全生产法律、法规的规定,保证建设项目安全生产,依法承担建设项目安全生产责任。

1.1 建设单位

建设单位是工程项目风险管理的责任主体,应当制定工程项目的风险管理工作实施办法,健全风险管理体系,完善风险管理机制,督促落实参建单位和人员责任,按照阶段管理目标和管理要求做好风险管理工作。

1.2 责任与分工

1.2.1 建设单位责任与分工

建设单位应提供工程周边环境等资料,组织勘察、设计等单位列出危险性较大的分部分项工程清单。

1.2.2 施工单位责任与分工

施工单位是风险控制的实施主体,应根据本工程分部分项工程清单,结合工程实施情况列出本工程风险源(点)清单,制定风险管理工作实施细则,严格落实全员安全生产管理责任。风险管理工作实施细则应当包括相关安全管理制度，各管理部门、人员风险管理职责，风险点确定、危险源辨识、风险评价、风险控制措施、风险告知、风险分级管控、风险动态管理，工程监测及预警方案，应急预案及演练等内容。

1. 工程施工项目部

工程施工项目部应明确项目负责人及其他主要管理人员的安全风险管理职责。项目经理是安全风险管控的第一责任人，其工作职责应包括：组织开展本项目的风险辨识、评估和分级管控；掌握本项目的风险分布情况、可能后果、风险级别和控制措施等，督促风险控制措施的落实；根据项目进展情况，及时更新安全风险分级管控清单；根据风险管控清单的更新及时对隐患排查治理体系持续更新。

2. 施工作业班组

施工作业班组是日常安全风险管控责任主体，主要负责人的工作职责应包括：掌握施工班组的风险分布情况、可能后果、风险级别和控制措施等；组织开展施工班组安全风险评估，及时上报新的危险源；负责本班组日常检查、隐患的治理及上报工作；针对岗位存在的安全风险，对相关作业人员进行风险告知。

3. 施工作业人员

施工作业人员的工作职责包括：接受安全生产教育培训，掌握本岗位主要风险及控制措施以及隐患排查治理所需安全生产知识技能，提高事故预防和应急处理能力；正确佩戴和使用安全防护用品；严格遵守安全生产管理制度和安全操作规程，严格落实各项风险控制措施；发现不安全状况及隐患的，应及时进行报告和处置。

1.2.3 监理单位责任与分工

监理单位是风险防范及控制的监理责任单位，应在监理规划中编制安全风险管控的计划，根据工程特点和施工组织设计制定安全风险管控监理实施细则，并贯彻实施；对施工单位的风险评估、风险管理、专项施工方案、施工作业指导书、施工人员培训教育以及风险管控工作的开展情况进行检查。

1.2.4　勘察单位和设计单位责任与分工

1. 勘察单位

勘察单位应提供真实、准确的勘察文件，并根据工程实际及工程周边环境资料，在勘察文件中说明地质条件和周边环境可能造成的工程风险。

2. 设计单位

设计单位应当在设计文件中注明涉及危大工程的重点部位和环节，提出保障工程周边环境安全和工程施工安全的意见，按照规定进行专项设计。对重大风险应及时调整完善设计方案，降低风险等级。对难以调整设计方案的，应当进行分析评估，提出降低施工安全风险的技术措施，并在设计技术交底的基础上，做好风险控制措施和风险防范注意事项交底工作。

1.2.5　监测单位责任与分工

监测单位是风险防范的主要责任单位，对监测成果负责，应加强监测数据分析，在监测数据达到预警值、控制值时及时向施工、监理、建设单位报送，并积极参与风险管理处理。

第 2 章 风险分级管控体系建设

2.1 基本概念

2.1.1 风险

风险是指发生危险事件或有害暴露的可能性，与随之引发的人身伤害、健康损失或财产损失的严重性的组合❶。

2.1.2 风险点

风险点是指风险伴随的设施、部位、场所和区域，以及在特定部位、设施、场所和区域实施的伴随风险的作业活动（过程），或以上两者的组合。

2.1.3 危险源（危害因素，危险来源）

危险源（危害因素，危险来源）是指可能导致对人的生理、心理或认知状况不利影响的来源❷。

水利水电工程施工危险源是指在水利水电工程施工过程中有潜在能量和物质释放危险的、可造成人员伤亡、健康损害、财产损失、环境破坏，在一定的触发因素作用下可转化为事故的部位、区域、场所、空间、岗位、设备及其位置。

---

❶ 引自《企业安全生产标准化基本规范》（GB/T 33000）。
❷ 引自《职业健康安全管理体系 要求及使用指南》（GB/T 45001）。

危险源可以是一种环境、一种状态的载体，也可以是可能产生不期望后果的人或物。危险源是自身属性，不可消除，不会因为外界因素而改变，是客观存在的。

2.1.4 风险辨识

风险辨识是指识别系统整个范围内所有存在的风险点（危险源），并确定其特性的过程。

2.1.5 风险分析

风险分析是指对风险发生的可能性及其后果严重性进行定性和定量分析，辨识风险性质，确定风险等级的过程。

2.1.6 风险评估

风险评估是指对危险源导致的风险进行分析、评价、分级，对现有控制措施的充分性加以考虑以及对风险是否可以接受予以确定的全过程。

2.1.7 事故隐患

事故隐患是指生产经营单位违反安全生产法律、法规、规章、标准、规程和安全生产管理制度的规定，或者因其他因素在生产经营活动中存在可能导致事故发生的人的不安全行为、物的不安全状态、不良环境和管理上的缺陷。

事故隐患是由外界因素如人、物、环境等导致的，是可以被消除的。事故是可以预防的，事故的预防就是事故隐患的控制和消除。

2.2 风险源（点）查找

风险源（点）查找应根据工程量清单内容，并结合施工组织设计及工程周边环境状况，按照本书第3章~第5章安全风险管控清单进行编制，也可参照其他方法进行全面的风险源（点）查找。最终形成施工项目安全风险管控清单。若项目发生安全事故或因安全管理薄弱被水行政主管部门（监督机构）通报的，可提高风险源（点）安全风险等级进行管控。

施工单位项目经理部应根据制定的风险源（点）辨识与风险评价管理制度，

合理确定辨识工作周期［原则上每季度至少组织开展 1 次危险源（点）辨识工作］，定期辨识危险源（点）。水利水电工程施工危险源（点）辨识分为 2 个阶段：开工前和施工期。

（1）第 1 阶段：开工前。项目法人应组织其他参建单位研究制定危险源（点）辨识与风险管理制度，明确监理、施工、设计等单位的职责、辨识范围、流程、方法等；施工单位应按要求组织开展本标段危险源辨识及风险等级评价工作，并将成果在报送开工申请时一并报送项目法人和监理单位。

（2）第 2 阶段：施工期。各单位应对危险源实施动态管理，及时掌握危险源及风险状态和变化趋势，实时更新危险源及风险等级，并根据危险源及风险状态制定针对性防控措施。危大工程施工或危险性较大的施工作业时至少组织开展 1 次专项危险源辨识工作。

当施工环境发生变化时（如危险性较大的分部分项工程开工、节后复工、极端天气或自然灾害后复工等）应及时进行风险点查找和更新。

2.3 危险源辨识

2.3.1 危险源辨识的范围

危险源辨识范围应覆盖工程项目各风险点所有的作业活动和设备、设施、部位、场所、区域，应包括以下范围：工程施工的全过程；所有进入作业场所的人员活动；施工现场的设施、设备、车辆；作业人员安全防护用品佩戴、使用情况；作业人员的人为因素（包含违反安全操作规程及规章制度）；施工工艺、设备、管理、人员等变化；气候及环境影响等。

2.3.2 危险源辨识更改过危险源辨识程序

按照《生产过程危险和有害因素分类与代码》（GB/T 13861）的规定，对潜在的作业人员行为、设备设施状态、作业环境条件、安全管理状况等危害因素进行全面辨识。考虑台风、暴雨、雷电、冰雹、冬期施工、夏季高温、汛期雨季施工；流砂层、（微）承压水、地下障碍物、沼气层、断层、破碎带施工；城市道路、地下管线、轨道交通、周边建筑物（构筑物）等影响因素；施工机械设备；建筑材料与构配件；施工技术方案和施工工艺；制度不健全、职责不明确、培训不到位等施工管理因素，结合工程特点进行全面辨识。

危险源辨识是动态的过程，当下列情形发生时，应重新开展危险源辨识：与风险评估和实施必要的控制措施相关的法律、法规、标准、规范发生变化的；施工现场周边环境发生变化的；施工工艺和技术发生变化的；应急管理和应急资源发生重大变化的；企业组织机构变动的；实施了重大事故隐患治理的；发生生产安全事故的。

2.4 风险评价

2.4.1 直接判定法

危险源辨识应先采用直接判定法，不能用直接判定法辨识的，可采用其他方法。

2.4.2 作业条件危险性分析法

建筑施工企业、项目部应按照规定对风险进行评价分级，原则上应优先采用专家直接判断法，当无法采用直接判断法进行评价分级时，可采用作业条件危险性分析法（LEC）。

建筑施工企业可选择作业条件危险性分析法（LEC）对风险进行定性、定量评价。通过对三种因素的不同等级分别设定分值，再以三个分值的乘积D（危险性）来评价作业条件危险性的大小。即

$$D = L \times E \times C$$

式中 D——危险源带来的风险值，值越大，说明该作业活动危险性大、风险大；

L——发生事故或危险性事件的可能性大小；

E——人员暴露在这种危险环境中的频繁程度；

C——一旦发生事故会造成的损失后果。

评价时，L、E、C取值应建立在建筑施工企业现有控制措施的基础上，并遵循从严从高的原则，分别见表2-1~表2-3。

表 2-1　　　　　事故或危险性事件发生的可能性 L 值对照表

L 值	事故发生的可能性	L 值	事故发生的可能性
10	完全可以预料	1	可能性小,完全意外
6	相当可能	0.5	很不可能,可以设想
3	可能,但不经常	0.2	极不可能

表 2-2　　　　　暴露于危险环境的频率因素 E 值对照表

E 值	暴露于危险环境的频繁程度	E 值	暴露于危险环境的频繁程度
10	连续暴露	1	每月1次暴露
6	每天工作时间内暴露	0.5	每年几次暴露
3	每周1次,或偶然暴露	0.2	非常罕见暴露

表 2-3　　　　　　　危险严重度因素 C 值对照表

C 值	危险严重度因素
100	造成30人以上(含30人)死亡,或者100人以上重伤(包括急性工业中毒,下同),或者1亿元以上直接经济损失
40	造成10~29人死亡,或者50~99人重伤,或者5000万元以上1亿元以下直接经济损失
15	造成3~9人死亡,或者10~49人重伤,或者1000万元以上5000万元以下直接经济损失
7	造成3人以下死亡,或者10人以下重伤,或者1000万元以下直接经济损失
3	无人员死亡,致残或重伤,或很小的财产损失
1	引人注目,不利于基本的安全卫生要求

2.4.3　安全检查列表法

运用安全检查表法对场所、设备或设施等进行危险源辨识,应将设备设施按功能或结构划分为若干检查项目,针对每一检查项目,列出检查标准,对照检查标准逐项检查并确定不符合标准的情况和后果,填写辨识分析记录。

2.5　风险控制措施

2.5.1　工程技术措施

工程技术措施是指作业、设备设施本身固有的控制措施,包括直接安全技术措施、间接安全技术措施、指示性安全技术措施等,并按照消除、预防、减弱、隔离、警告的等级顺序采取相应的安全技术措施。通常采用的工程技术措施如下：

1. 消除

通过合理的设计和科学的管理，尽可能从根本上消除危险有危害因素。如使用阻燃安全网、岩棉夹芯板，消除安全网、板房本身燃烧的可能；宿舍区采取集中充电、集中供热水，消除宿舍因私拉乱接带来的火灾或触电事故。

2. 预防

消除危险、危害因素有困难时，可采取预防性技术措施，预防危险、危害发生。如采用漏电保护装置、短路及过载保护装置、保护接地装置、起重量限制器、力矩限制器、起升高度限制器、防坠器、临边防护、洞室及边坡危石清理、边坡防护、基坑降排水及支护措施等。

3. 减弱

在无法消除危险、危害因素和难以预防的情况下，可采取减少危险、危害的措施。如设置安全兜网、安全电压、避雷装置、绝缘套管、地下洞室内设置防撞墩等。

4. 隔离

在无法消除、预防、减弱危险、危害的情况下，应将人员与危险、危害因素隔开，将不能共存的物质分开。如机械设备旋转部位设置防护罩、拆除脚手架设置隔离区、起重机械自身安装拆除设置隔离区、吊装作业设置隔离区、氧气瓶与乙炔瓶分开放置且与明火保持安全距离、施工现场主要临时用房及临时设施保持防火间距等。

5. 警告

在易发生故障和危险性较大的地方，设置醒目的安全色、安全标志。必要时，设置声、光或声光组合报警装置，如塔式起重机起重力矩设置声音报警装置、塔式起重机端部设置警示灯、挖泥船桅杆设置号灯、水上作业设置浮漂等。

2.5.2 工程制度管理措施

工程制度管理措施主要包括成立安全管理机构、制定安全管理制度、制定安全技术操作规程、编制专项施工方案、组织专家论证、开展安全技术交底、对安全生产过程进行管理、开展安全检查、对设备设施进行安全检测以及实施安全奖惩等。

2.5.3 教育培训措施

教育培训措施应包含企业主要负责人及安全管理人员安全培训、新员工三级安全教育培训和年度安全教育培训、特种作业人员继续教育培训、"四新"安全教育培训、安全技术交底、体验式安全教育、安全告知及其他安全培训等。

2.5.4 个体防护措施

个体防护措施包括安全帽、安全带、安全绳、救生衣、绝缘鞋、绝缘手套、防毒面具、护目镜、耳塞、防护眼镜、呼吸器等。

2.5.5 应急处置措施

应急处置措施应包含风险监控、预警、制订应急预案体系和应急处置卡、成立应急组织机构、储备应急物资、签订救援协议、设置应急通道、开展应急演练及培训等。

2.6 风险告知

2.6.1 风险公告

施工单位应定期公布本单位的风险分级管控清单基本信息及管控措施、应急救援处置措施等;将安全风险评价结果及所采取的控制措施告知本单位从业人员和进入风险工作区域的外来人员,使其熟悉工作岗位和作业环境中存在的安全风险,掌握、落实基本情况及防范、应急措施;并将风险及防范与应急措施提前告知可能直接影响范围内的相关单位和人员。

2.6.2 作业安全风险比较图

应用统计分析的方法,采取柱状图、饼状图或曲线图等将难以在平面布置图、地理坐标图中标示风险等级的作业活动、关键任务、工序、工作岗位按照风险等级从高到低的顺序标示出来。如:动火作业、有限空间作业、危险物品运输等作业活动；或按照起重设备安拆工、电工、架子工、钢筋工等作业工种进行风险比较，实现对重点环节的重点监控；并在醒目位置或作业区域等进行公告。

2.6.3 岗位安全风险告知卡

有安全风险的工作岗位，应设置岗位安全风险告知卡，告知从业人员本岗位存在的主要危险有害因素、可能后果及事故类型、风险管控措施、应急措施、应急电话等信息。

2.6.4 安全风险公告栏

施工单位应在施工区域内对应风险点的醒目位置设置重大风险公告栏；在风险较大及以上风险点的醒目位置设置较大及以上风险公告栏，标明危险源名称、风险等级、危险有害因素、后果、风险管控措施、应急措施及应急电话等信息。

2.6.5 安全警示标志

施工单位对存在重大安全风险和重大危险源的工作场所和岗位，应设置安全警示标志。安全警示标志内容应包括危险源名称、地点、责任人员、可能的事故类型、控制措施、应急处置措施等。

（1）施工现场入口处、施工起重机械、临时用电设施、脚手架、出入通道口、楼梯口、孔洞口、桥梁口、隧道口、基坑边缘、爆破物及有害危险气体和液体存放处等危险部位，应设置明显的安全警示标志。

（2）在设施设备检维修、作业、吊装、拆卸等作业现场设置警戒区域和警示标志，对现场的坑、井、洼、沟、陡坡等场所设置围栏和警示标志。

2.7 风险分级管控

风险分级管控遵循风险越高管控层级越高的原则，对于操作难度大、技术含量高、风险等级高、可能导致严重后果的作业活动应重点进行管控。上一级负责管控的风险，下一级必须同时负责管控，并逐级落实具体措施。管控层级可进行增加、合并或提级。水务工程风险分级管控责任划分见表2-4。

表 2-4　　　　　　　水务工程风险分级管控责任划分

风险分级	管控单位	责任主体	备　注
一级	建设、施工、监理单位	项目负责人（经理、总监）	建设单位组织施工、监理单位共同管控，水行政主管部门重点开展检查
二级	建设、施工、监理单位	项目负责人（经理、总监）	建设单位组织施工、监理单位共同管控
三级	施工、监理单位	项目负责人（经理、总监）	监理单位组织施工共同管控，建设单位开展检查
四级	施工单位	项目经理（总监）	施工单位管控，监理单位监督检查
备注	风险分级一～四级，分别对应重大风险、较大风险、一般风险、低风险			

2.8　风险动态管理

施工单位应对风险源（点）实施动态管理，及时掌握危险源及风险状态和变化趋势，当施工环境发生变化时（如危险性较大的分部分项工程开工、节后复工、极端天气或自然灾害后复工等）应及时实时更新危险源及风险等级，并根据危险源及风险状态制定针对性防控措施。

第3章 基础管理类安全风险管控清单

基础管理类安全风险管控清单分为资质、管理体系及制度建设、人员资格、施工组织设计与方案、培训与教育、防洪度汛与应急管理、安全生产投入、职业健康等8类。基础管理类安全风险管控清单参考《中华人民共和国安全生产法》、《建设工程安全生产管理条例》、《水利工程建设安全管理规定》、《房屋市政工程生产安全重大事故隐患判定标准（2024版）》、《水利工程建设项目生产安全重大事故隐患清单指南（2023年版）》、《建筑与市政施工现场安全卫生与职业健康通用规范》（GB 55034—2022）、《深圳市生产经营单位安全生产主体责任规定》制定。

3.1 资质

资质见表3-1。

表3-1　　　　　　　　　　　资　质

序号	风险源（点）	可能发生的事故类型	风险分级	主要防范措施（工程技术、管理、培训教育、个体防护、应急处置措施）	相关文件
1	施工资质	未取得相应等级的资质证书；不在其资质等级许可的范围内承揽工程	生产安全事故	一级	暂停施工，应依法取得相应等级的资质证书，并在其资质等级许可的范围内承揽工程	《建设工程安全生产管理条例》《水利工程建设安全管理规定》《房屋市政工程生产安全重大事故隐患判定标准（2024版）》《水利工程建设项目生产安全重大事故隐患清单指南（2023年版）》

续表

序号	风险源（点）	可能发生的事故类型	风险分级	主要防范措施（工程技术、管理、培训教育、个体防护、应急处置措施）	相关文件
2	安全生产许可证	未取得安全生产许可证擅自从事建筑施工活动	生产安全事故	一级	暂停施工，按规定取得安全生产许可证	《中华人民共和国安全生产法》《安全生产许可证条例》《房屋市政工程生产安全重大事故隐患判定标准（2024版）》《水利工程建设项目生产安全重大事故隐患清单指南（2023年版）》

3.2 管理体系及制度建设

管理体系及制度建设见表3-2。

表3-2　　　　管理体系及制度建设

序号	风险源（点）	可能发生的事故类型	风险分级	主要防范措施（工程技术、管理、培训教育、个体防护、应急处置措施）	相关文件
1	管理机构	未按规定设置安全生产管理机构	生产安全事故	一级	暂停施工，按规定设置安全生产管理机构	《中华人民共和国安全生产法》《深圳市生产经营单位安全生产主体责任规定》《水利工程建设项目生产安全重大事故隐患清单指南（2023年版）》
2	制度建设	未建立安全生产责任制及安全生产管理制度	生产安全事故	二级	组织制定并实施安全生产责任制及安全生产管理制度	《中华人民共和国安全生产法》《深圳市生产经营单位安全生产主体责任规定》

3.3 人员资格

人员资格见表3-3。

表 3-3　　　　　　　　　　人　员　资　格

序号	风险源（点）		可能发生的事故类型	风险分级	主要防范措施（工程技术、管理、培训教育、个体防护、应急处置措施）	相 关 文 件
1	资格证书	施工单位主要负责人、项目负责人和专职安全生产管理人员未按规定持有效的安全生产考核合格证书	生产安全事故	一级	暂停施工，按规定更换符合条件的人员	《房屋市政工程生产安全重大事故隐患判定标准（2024版）》《水利工程建设项目生产安全重大事故隐患清单指南（2023年版）》
2	特种作业	特种（设备）作业人员未取得特种作业人员操作资格证书上岗作业	生产安全事故	一级	暂停施工，按规定培训取得有效证书或更换满足要求的人员	《房屋市政工程生产安全重大事故隐患判定标准（2024版）》《水利工程建设项目生产安全重大事故隐患清单指南（2023年版）》
3	人员配置	未按规定配备或配足安全生产管理人员	生产安全事故	三级	按规定配备安全管理人员	《中华人民共和国安全生产法》《深圳市生产经营单位安全生产主体责任规定》《水利工程建设项目生产安全重大事故隐患清单指南（2023年版）》

3.4　施工组织设计与方案

施工组织设计与方案见表 3-4。

表 3-4　　　　　　　　　施工组织设计与方案

序号	风险源（点）		可能发生的事故类型	风险分级	主要防范措施（工程技术、管理、培训教育、个体防护、应急处置措施）	相 关 文 件
1	施工组织设计	无施工组织设计施工	生产安全事故	一级	暂停施工，编制施工组织设计方案并经审查、批准后方可施工	《水利工程建设项目生产安全重大事故隐患清单指南（2023年版）》《水利水电工程施工安全管理导则》（SL 721—2015）

续表

序号	风险源（点）	可能发生的事故类型	风险分级	主要防范措施（工程技术、管理、培训教育、个体防护、应急处置措施）	相 关 文 件
2	专项方案	未按规定编制和审批危险性较大的工程专项施工方案	生产安全事故	一级	暂停施工，按规定编制危险性较大的施工方案并经审查、批准	《水利工程建设项目生产安全重大事故隐患清单指南（2023年版）》《水利水电工程施工安全管理导则》（SL 721—2015）
3	专项方案	超过一定规模的危险性较大单项工程的专项施工方案未按规定组织专家论证、审查擅自施工	生产安全事故	一级	暂停施工，按规定编制超过一定规模的危险性较大单项工程专项施工方案并经审查、审批、论证，论证后需修改补充完善的修改补充完善	《房屋市政工程生产安全重大事故隐患判定标准（2024版）》《水利工程建设项目生产安全重大事故隐患清单指南（2023年版）》《水利水电工程施工安全管理导则》（SL 721—2015）
4	专项方案实施	未按批准的专项施工方案组织实施	生产安全事故	一级	暂停施工，按批准的专项施工方案进行整改，经相关单位验收符合要求后方可继续施工	《水利工程建设项目生产安全重大事故隐患清单指南（2023年版）》《水利水电工程施工安全管理导则》（SL 721—2015）
5	专项方案实施	需要验收的危险性较大的单项工程未经验收合格转入后续工程施工	生产安全事故	一级	暂停施工，按批准的专项施工方案施工，需验收的单项工程验收合格后方可施工	《水利工程建设项目生产安全重大事故隐患清单指南（2023年版）》《水利水电工程施工安全管理导则》（SL 721—2015）

3.5 培训与教育

培训与教育见表3-5。

表 3-5　　　　　　　　　培 训 与 教 育

序号	风险源（点）	可能发生的事故类型	风险分级	主要防范措施（工程技术、管理、培训教育、个体防护、应急处置措施）	相 关 文 件
1	安全交底	未进行安全技术交底，交底内容不全面或针对性不强	生产安全事故	三级	按规定重新进行安全技术交底	《中华人民共和国安全生产法》《建设工程安全生产管理条例》《水利工程建设安全管理规定》
2	培训考核	施工人员入场未按要求进行安全教育培训和考核	生产安全事故	三级	按规定开展入场安全教育及教育培训	《中华人民共和国安全生产法》《建设工程安全生产管理条例》《水利工程建设安全管理规定》

3.6　防洪度汛与应急管理

防洪度汛与应急管理见表 3-6。

表 3-6　　　　　　　　防洪度汛与应急管理

序号	风险源（点）	可能发生的事故类型	风险分级	主要防范措施（工程技术、管理、培训教育、个体防护、应急处置措施）	相关文件
1	度汛方案	有度汛要求的建设项目未按规定制定度汛方案和超标准洪水应急预案；工程进度不满足度汛要求时未制定和采取相应措施；位于自然地面或河水位以下的隧洞进出口未按施工期防洪标准设置围堰或预留岩坎	生产安全事故	一级	暂停施工，按规定制定度汛方案和超标准洪水应急预案，采取措施确保施工进度，达不到度汛要求的制定专项方案并采取相应措施；按标准设置围堰或完善岩坎	《水利工程建设项目生产安全重大事故隐患清单指南（2023 年版）》
2	应急演练	未制定安全生产应急救援预案，未定期进行应急救援演练	生产安全事故	三级	编制应急救援预案并组织演练	《中华人民共和国安全生产法》《建设工程安全生产管理条例》

3.7 安全生产投入

安全生产投入见表3-7。

表3-7　　　　　　　安全生产投入

序号	风险源（点）	可能发生的事故类型	风险分级	主要防范措施（工程技术、管理、培训教育、个体防护、应急处置措施）	相 关 文 件
1	安全投入	未按规定计取、调减、挪用安全管理措施费用	生产安全事故	二级	按规定计提使用安全管理措施费用	《中华人民共和国安全生产法》《深圳市生产经营单位安全生产主体责任规定》《建设工程安全生产管理条例》《水利工程建设安全管理规定》
2	安全投入	使用国家明令淘汰、禁止使用工艺、设备、材料	生产安全事故	二级	对涉及的材料、设备退场、报废、更换，停止禁止使用的工艺，更换满足施工要求的工艺	《中华人民共和国安全生产法》《建设工程安全生产管理条例》

3.8 职业健康

职业健康见表3-8。

表3-8　　　　　　　职　业　健　康

序号	风险源（点）	可能发生的事故类型	风险分级	主要防范措施（工程技术、管理、培训教育、个体防护、应急处置措施）	相 关 文 件
1	个人防护	未按规定对施工中产生的粉尘、超过规定分贝的噪声、辐射、弧光等采取防护措施	职业健康伤害	四级	按规定采取防护措施、配备并正确使用劳动防护用品或改进施工工艺	《建设工程安全生产管理条例》《水利工程建设安全管理规定》

续表

序号	风险源（点）	可能发生的事故类型	风险分级	主要防范措施（工程技术、管理、培训教育、个体防护、应急处置措施）	相 关 文 件
2	个人防护	架子工、起重吊装工、信号指挥工未按要求配备劳动防护用品	生产安全事故	四级	按规定采取防护措施、配备并正确使用劳动防护用品或改进施工工艺	《建筑与市政施工现场安全卫生与职业健康通用规范》（GB 55034—2022） 第6.0.2条：架子工、起重吊装工、信号指挥工配备劳动防护用品应符合下列规定： 1. 架子工、塔式起重操作人员、起重吊装工应配备灵便紧口的工作服、系带防滑鞋和工作手套； 2. 信号指挥工应配备专用标识服装，在强光环境条件作业时，应配备有色防护眼镜
3	个人防护	电工配备的劳动防护用品不符合规定	职业健康伤害	四级	按规定采取防护措施、配备并正确使用劳动防护用品或改进施工工艺	《建筑与市政施工现场安全卫生与职业健康通用规范》（GB 55034—2022） 第6.0.3条：电工配备劳动防护用品应符合下列规定： 1. 维修电工应配备绝缘鞋、绝缘手套和灵便紧口的工作服； 2. 安装电工应配备手套和防护眼镜； 3. 高压电气作业时，应配备相应等级的绝缘鞋、绝缘手套和有色防护眼镜
4	个人防护	电焊工、气割工配备的劳动防护用品不符合规定	职业健康伤害	四级	按规定采取防护措施、配备并正确使用劳动防护用品或改进施工工艺	《建筑与市政施工现场安全卫生与职业健康通用规范》（GB 55034—2022） 第6.0.4条：电焊工、气割工配备的劳动防护用品应符合下列规定： 1. 电焊、气割工应配备阻燃防护服、绝缘鞋、鞋盖、电焊手套和焊接防护面罩；高处作业时，应配备安全帽与面罩连接式焊接防护面罩和阻燃安全带；

续表

序号	风险源（点）	可能发生的事故类型	风险分级	主要防范措施（工程技术、管理、培训教育、个体防护、应急处置措施）	相关文件
4	个人防护	电焊工、气割工配备的劳动防护用品不符合规定	职业健康伤害	四级	按规定采取防护措施、配备并正确使用劳动防护用品或改进施工工艺	2.进行清除焊渣作业时，应配备和防护眼镜； 3.进行磨削钨极作业时，应配备手套、防尘口罩和防护眼镜； 4.进行酸碱等腐蚀性作业时，应配备防腐蚀性工作服、耐酸碱胶鞋、耐酸碱手套、防护口罩和防护眼镜； 5.在密闭环境或通风不良的情况下，应配备送风式防护面罩
5	个人防护	进行电钻、砂轮等手持电动工具作业时，未配备绝缘鞋、绝缘手套和防护眼镜；进行可能飞溅渣屑的机械设备作业时，未配备防护眼镜	职业健康伤害	四级	按规定采取防护措施、配备并正确使用劳动防护用品或改进施工工艺	《建筑与市政施工现场安全卫生与职业健康通用规范》（GB 55034—2022） 第6.0.12条：进行电钻、砂轮等手持电动工具作业时，应配备绝缘鞋、绝缘手套和防护眼镜；进行可能飞溅渣屑的机械设备作业时，应配备防护眼镜

第4章 施工作业类安全风险管控清单

施工作业类安全风险管控清单分脚手架工程、基坑工程、模板支架、高处作业、有限空间作业、隧洞施工、顶管施工、金属结构制作与设备安装、起重吊装、围堰施工等10类。

4.1 脚手架工程

脚手架工程施工安全风险管控清单（表4-1）参考《市政工程施工安全检查标准》（CJJ/T 275—2018）、《施工脚手架通用规范》（GB 55023—2022）、《建筑施工脚手架安全技术统一标准》（GB 51210—2016）、《建筑施工扣件式钢管脚手架安全技术规范》（JGJ 130—2011）、《高处作业吊篮》（GB/T 19155—2017）、《建筑施工工具式脚手架安全技术规范》（JGJ 202—2010）、《危险性较大的分部分项工程安全管理规定》（中华人民共和国住房和城乡建设部令第37号）、《房屋市政工程生产安全重大事故隐患判定标准（2024版）》、《水利工程建设项目生产安全重大事故隐患清单指南（2023年版）》制定。

表 4-1　　　　　　　脚手架工程施工安全风险管控清单

序号	风险源（点）		可能发生的事故类型	风险分级	主要防范措施（工程技术、管理、培训教育、个体防护、应急处置措施）	相关文件
1	专项施工方案	搭设高度50m及以上落地式钢管脚手架工程未编制专项方案或未进行专家论证	坍塌、高处坠落、物体打击	一级	编制专项施工方案，组织专家论证，进行方案和安全技术交底，组织验收，并对方案执行情况开展检查	《危险性较大的分部分项工程安全管理规定》（中华人民共和国住房和城乡建设部令第37号）第十二条：对于超过一定规模的危大工程，施工单位应当组织召开专家论证会对专项施工方案进行论证。实行施工总承包的，由施工总承包单位组织召开专家论证会。专家论证前专项施工方案应当通过施工单位审核和总监理工程师审查
2	专项施工方案	提升高度150m及以上附着式整体和分片提升脚手架工程未编制专项方案或未进行专家论证	坍塌、高处坠落、物体打击	一级	编制专项施工方案，组织专家论证，进行方案和安全技术交底，组织验收，并对方案执行情况开展检查	《危险性较大的分部分项工程安全管理规定》（中华人民共和国住房和城乡建设部令第37号）第十二条：对于超过一定规模的危大工程，施工单位应当组织召开专家论证会对专项施工方案进行论证。实行施工总承包的，由施工总承包单位组织召开专家论证会。专家论证前专项施工方案应当通过施工单位审核和总监理工程师审查
3	专项施工方案	架体高度20m及以上悬挑式脚手架工程未编制专项方案或未进行专家论证	坍塌、高处坠落、物体打击	一级	编制专项施工方案，组织专家论证，进行方案和安全技术交底，组织验收，并对方案执行情况开展检查	《危险性较大的分部分项工程安全管理规定》（中华人民共和国住房和城乡建设部令第37号）第十二条：对于超过一定规模的危大工程，施工单位应当组织召开专家论证会对专项施工方案进行论证。实行施工总承包的，由施工总承包单位组织召开专家论证会。专家论证前专项施工方案应当通过施工单位审核和总监理工程师审查

续表

序号	风险源（点）		可能发生的事故类型	风险分级	主要防范措施（工程技术、管理、培训教育、个体防护、应急处置措施）	相关文件
4	专项施工方案	悬挑脚手架悬挑长度超过3m未编制专项施工方案或未进行专家论证	坍塌、高处坠落、物体打击	一级	编制专项施工方案，组织专家论证，进行方案和安全技术交底，组织验收，并对方案执行情况开展检查	《危险性较大的分部分项工程安全管理规定》（中华人民共和国住房和城乡建设部令第37号）第十二条：对于超过一定规模的危大工程，施工单位应当组织召开专家论证会对专项施工方案进行论证。实行施工总承包的，由施工总承包单位组织召开专家论证会。专家论证前专项施工方案应当通过施工单位审核和总监理工程师审查
5	专项施工方案	搭设高度24m及以上的落地式钢管脚手架工程未编制专项方案	坍塌、高处坠落、物体打击	二级	编写专项施工方案，进行方案和安全技术交底，组织验收，并对方案执行情况开展检查	《危险性较大的分部分项工程安全管理规定》（中华人民共和国住房和城乡建设部令第37号）第十条：施工单位应当在危大工程施工前组织工程技术人员编制专项施工方案
6	专项施工方案	附着式整体和分片提升脚手架工程未编制专项方案	坍塌、高处坠落、物体打击	二级	编写专项施工方案，进行方案和安全技术交底，组织验收，并对方案执行情况开展检查	《危险性较大的分部分项工程安全管理规定》（中华人民共和国住房和城乡建设部令第37号）第十条：施工单位应当在危大工程施工前组织工程技术人员编制专项施工方案
7	专项施工方案	悬挑式脚手架工程未编制专项方案	坍塌、高处坠落、物体打击	二级	编写专项施工方案，进行方案和安全技术交底，组织验收，并对方案执行情况开展检查	《危险性较大的分部分项工程安全管理规定》（中华人民共和国住房和城乡建设部令第37号）第十条：施工单位应当在危大工程施工前组织工程技术人员编制专项施工方案
8	专项施工方案	吊篮脚手架工程未编制专项方案	坍塌、高处坠落、物体打击	二级	编写专项施工方案，进行方案和安全技术交底，组织验收，并对方案执行情况开展检查	《危险性较大的分部分项工程安全管理规定》（中华人民共和国住房和城乡建设部令第37号）第十条：施工单位应当在危大工程施工前组织工程技术人员编制专项施工方案

续表

序号	风险源（点）		可能发生的事故类型	风险分级	主要防范措施（工程技术、管理、培训教育、个体防护、应急处置措施）	相关文件
9	专项施工方案	自制卸料平台、移动操作平台工程未编制专项方案	坍塌、高处坠落、物体打击	二级	编写专项施工方案，进行方案和安全技术交底，组织验收，并对方案执行情况开展检查	《危险性较大的分部分项工程安全管理规定》（中华人民共和国住房和城乡建设部令第37号）第十条：施工单位应当在危大工程施工前组织工程技术人员编制专项施工方案
10	专项施工方案	新型及异型脚手架工程未编制专项方案	坍塌	二级	编写专项施工方案，进行方案和安全技术交底，组织验收，并对方案执行情况开展检查	《危险性较大的分部分项工程安全管理规定》（中华人民共和国住房和城乡建设部令第37号）第十条：施工单位应当在危大工程施工前组织工程技术人员编制专项施工方案
11	构配件和材质	脚手架及构配件材质不符合要求	坍塌	二级	现有脚手架及构配件退场，新进进材料组织进场验收、检测，合格后方可使用	《建筑施工脚手架安全技术统一标准》（GB 51210—2016）第4.0.14条：脚手架构配件应具有良好的互换性，且可重复使用。构配件出厂质量应符合国家现行相关产品标准的要求，杆件、构配件的外观质量应符合下列规定： 1. 不得使用带有裂纹、折痕、表面明显凹陷、严重锈蚀的钢管； 2. 铸件表面应光滑，不得有砂眼、气孔、裂纹、浇冒口残余等缺陷，表面粘砂应清除干净； 3. 冲压件不得有毛刺、裂纹、明显变形、氧化皮等缺陷； 4. 焊接件的焊缝应饱满，焊渣应清除干净，不得有未焊透、夹渣、咬肉、裂纹等缺陷

续表

序号	风险源（点）		可能发生的事故类型	风险分级	主要防范措施（工程技术、管理、培训教育、个体防护、应急处置措施）	相 关 文 件
12	构配件和材质	工具式脚手架无合格证明文件	坍塌	二级	无合格证明文件不得使用，退场处理。再次进场工具式脚手架组织进场验收，合格后方可使用	《建筑施工脚手架安全技术统一标准》（GB 51210—2016）第7.1.11条：在脚手架构配件生产过程中，生产厂家应对脚手架构配件及其组成的脚手架结构进行型式检验。在脚手架构配件出厂时，生产厂家应提供产品合格证和型式检验报告。脚手架构配件进入施工现场时，使用单位应查验产品合格证和型式检验报告
13	构配件和材质	安全装置无检测报告、合格证或检测报告超过有效期	坍塌	二级	再次组织进场检测验收，验收合格后方可作用	《建筑施工脚手架安全技术统一标准》（GB 51210—2016）第8.2.7条：附着式升降脚手架应符合下列规定：2. 应设有防倾、防坠、超载、失载、同步升降控制装置，各类装置应灵敏可靠
14	地基基础	脚手架工程的地基基础承载力和变形不满足设计要求；达到或超过一定规模的作业脚手架和支撑脚手架的立杆基础承载力不符合专项施工方案的要求，且已有明显沉降	坍塌	一级	进行地基基础承载力检测，如不满足要求则应采取加固措施，经检测合格后方可开始脚手架搭设工作	《房屋市政工程生产安全重大事故隐患判定标准（2024版）》《水利工程建设项目生产安全重大事故隐患清单指南（2023年版）》
15	地基基础	基础不符合要求	坍塌	三级	按专项施工方案或技术规范进行整改，组织检查验收	专项施工方案《市政工程施工安全检查标准》（CJJ/T 275—2018）第6.1.3条：3. 地基基础应符合下列规定：

续表

序号	风险源（点）		可能发生的事故类型	风险分级	主要防范措施（工程技术、管理、培训教育、个体防护、应急处置措施）	相 关 文 件
15	地基基础	基础不符合要求	坍塌	三级	按专项施工方案或技术规范进行整改，组织检查验收	1) 基础处理方式和承载力应符合专项施工方案要求，地基应坚实、平整。 2) 立杆底部应按专项施工方案要求设置底座、垫板或混凝土垫层。 3) 立杆和基础应接触紧密。 4) 基础排水设施应完善，且排水应畅通
16	架体构造	立杆搭设不符合专项施工方案要求，立杆采用搭接（作业脚手架顶步距除外）	坍塌	一级	暂停施工，再次进行交底，按照专项施工方案要求搭设，组织检查验收，开展安全检查	《水利工程建设项目生产安全重大事故隐患清单指南（2023年版）》 专项施工方案 《施工脚手架通用规范》（GB 55023—2022） 第4.4.3条：脚手立杆间距、步距应通过设计确定
17	架体构造	作业脚手架底部立杆上设置的纵向、横向扫地杆不符合规范及专项施工方案要求	坍塌	三级	再次进行技术交底，按照规范、规程及专项施工方案要求搭设，开展安全检查	专项施工方案 《施工脚手架通用规范》（GB 55023—2022） 第4.4.5条：脚手架底部立杆应设置纵向和横向扫地杆，扫地杆应与相邻立杆连接稳固。 《建筑施工脚手架安全技术统一标准》（GB 51210—2016） 第8.2.5：作业脚手架底部立杆上应设置纵向和横向扫地杆。 《建筑施工扣件式钢管脚手架安全技术规范》（JGJ 130—2011） 第6.3.2：脚手架必须设置纵、横向扫地杆。纵向扫地杆应采用直角扣件固定在距钢管底端不大于200mm处的立杆上。横向扫地杆应采用直角扣件固定在紧靠纵向扫地杆下方的立杆上

续表

序号	风险源（点）		可能发生的事故类型	风险分级	主要防范措施（工程技术、管理、培训教育、个体防护、应急处置措施）	相 关 文 件
18	架体构造	剪刀撑的设置不符合规范及专项施工方案要求	坍塌	三级	再次进行技术交底，按照规范、规程及专项施工方案要求搭设，开展安全检查	专项施工方案 《施工脚手架通用规范》（GB 55023—2022） 第4.4.7条：在作业脚手架的纵向外侧立面上应设置竖向剪刀撑，并应符合下列规定： 1. 每道剪刀撑的宽度应为4～6跨，且不应小于6m，也不应大于9m；剪刀撑斜杆与水平面的倾角应在45°～60°之间； 2. 当搭设高度在24m以下时，应在架体两端、转角及中间每隔不超过15m各设置一道剪刀撑，并由底至顶连续设置；搭设高度在24m及以上时，应在全外侧立面上由底至顶连续设置； 3. 悬挑脚手架、附着式升降脚手架应在全外侧立面上由底至顶连续设置。 《建筑施工脚手架安全技术统一标准》（GB 51210—2016） 第8.2.3条：在作业脚手架的纵向外侧立面上应设置竖向剪刀撑，并应符合下列规定： 1. 每道剪刀撑的宽度应为4跨～6跨，且不应小于6m，也不应大于9m；剪刀撑斜杆与水平面的倾角应在45°～60°； 2. 搭设高度在24m以下时，应在架体两端、转角及中间每隔不超过15m各设置一道剪刀撑，并由底至顶连续设置；搭设高度在24m及以上时，应在全外侧立面上由底至顶连续设置；

续表

序号	风险源（点）	可能发生的事故类型	风险分级	主要防范措施（工程技术、管理、培训教育、个体防护、应急处置措施）	相 关 文 件
18	架体构造	剪刀撑的设置不符合规范及专项施工方案要求	坍塌	三级	再次进行技术交底，按照规范、规程及专项施工方案要求搭设，开展安全检查	3. 悬挑脚手架、附着式升降脚手架应在全外侧立面上由底至顶连续设置。 第8.2.4条：当采用竖向斜撑杆、竖向交叉立杆替代作业脚手架竖向剪刀撑时，应符合下列规定： 1. 在作业脚手架的端部、转角处应各设置一道； 2. 搭设高度在24m以下时，应每隔5~7跨设置一道；搭设高度在24m及以上时，应每隔1~3跨设置一道；相邻竖向斜撑杆应朝向对称呈八字形设置； 3. 每道竖向斜撑杆、竖向交叉拉杆应在作业脚手架外侧相邻纵向立杆间由底至顶按步连续设置
19	架体构造	未设置连墙件或连墙件整层缺失及连墙件的设置不符合专项施工方案要求	坍塌	一级	再次进行技术交底，按照规范、规程及专项施工方案要求搭设，开展安全检查	《房屋市政工程生产安全重大事故隐患判定标准（2024版）》 《水利工程建设项目生产安全重大事故隐患清单指南（2023年版）》 专项施工方案 《施工脚手架通用规范》（GB 55023—2022） 第4.4.6条：作业脚手架应按设计计算和构造要求设置连墙件，并应符合下列规定： 1. 连墙件应采用能承受压力和拉力的刚性构件，并应与工程结构和架体连接牢固；

续表

序号	风险源（点）		可能发生的事故类型	风险分级	主要防范措施（工程技术、管理、培训教育、个体防护、应急处置措施）	相 关 文 件
19	架体构造	未设置连墙件或连墙件整层缺失及连墙件的设置不符合专项施工方案要求	坍塌	一级	再次进行技术交底，按照规范、规程及专项施工方案要求搭设，开展安全检查	2. 墙点的水平间距不得超过3跨，竖向间距不得超过3步，连墙点之上架体的悬臂高度不应超过2步； 3. 在架体的转角处、开口型作业脚手架端部应增设连墙件，连墙件的垂直间距不应大于建筑物层高，且不应大于4.0m。 《建筑施工脚手架安全技术统一标准》（GB 51210—2016） 第8.2.2条：作业脚手架应按设计计算和构造要求设置连墙件，并应符合下列规定： 1. 连墙件应采用能承受压力和拉力的构造，并应与建筑结构和架体连接牢固； 2. 连墙点的水平间距不得超过3跨，竖向间距不得超过3步，连墙点之上架体的悬臂高度不应超过2步； 3. 在架体的转角处、开口型作业脚手架端部应增设连墙件，连墙件的垂直间距不应大于建筑物层高，且不应大于4.0m
20	架体构造	脚手架作业层的防护不符合规范及专项施工方案要求	高处坠落、物体打击	三级	再次进行技术交底，按照规范、规程及专项施工方案要求搭设，开展安全检查	专项施工方案 《施工脚手架通用规范》（GB 55023—2022） 第4.4.4条：脚手架作业层应采取安全防护措施，并应符合下列规定：

续表

序号	风险源（点）	可能发生的事故类型	风险分级	主要防范措施（工程技术、管理、培训教育、个体防护、应急处置措施）	相关文件
20	架体构造 脚手架作业层的防护不符合规范及专项施工方案要求	高处坠落、物体打击	三级	再次进行技术交底，按照规范、规程及专项施工方案要求搭设，开展安全检查	1. 作业脚手架应满铺脚手架、满堂支撑脚手架、附着式升降脚手架作业层应满铺脚手板，并应满足稳固可靠的要求。当作业层边缘与结构外表面的距离大于150mm时，应采取防护措施。 2. 采用挂钩连接的脚手板，应带有自锁装置且与作业层水平杆锁紧。 3. 木脚手板、竹串片脚手板、竹芭脚手板应有可靠的水平杆支承，并应绑扎稳固。 4. 脚手架作业层外边缘应设置防护栏杆和挡脚板。 5. 作业脚手架底层脚手板应采取封闭措施。 6. 沿所施工建筑物每3层或高度不大于10m处应设置一层水平防护。 7. 作业层外侧应采用安全网封闭。当采用密目安全网封闭时，密目安全网应满足阻燃要求。 8. 脚手板伸出横向水平杆以外的部分不应大于200mm。 《建筑施工脚手架安全技术统一标准》（GB 51210—2016） 第8.2.8条：作业脚手架的作业层上应满铺脚手板，并应采取可靠的连接方式与水平杆固定。当作业层边缘与建筑物间隙大于150mm时，应采取防护措施。作业层外侧应设置栏杆和挡脚板

续表

序号	风险源（点）		可能发生的事故类型	风险分级	主要防范措施（工程技术、管理、培训教育、个体防护、应急处置措施）	相关文件
21	架体构造	架体的封闭不符合专项施工方案及规范要求	高处坠落、物体打击	四级	再次进行技术交底，按照规范、规程及专项施工方案要求搭设，开展安全检查	《建筑施工脚手架安全技术统一标准》（GB 51210—2016） 第11.2.4条：作业脚手架外侧和支撑脚手架作业层栏杆应采用密目式安全网或其他措施全封闭防护。密目式安全网应为阻燃产品。 第11.2.5条：作业脚手架临街的外侧立面、转角处应采取硬防护措施，硬防护的高度不应小于1.2m，转角处硬防护的宽度应为作业脚手架宽度
22	脚手架使用	脚手架上有集中荷载	坍塌	三级	立即清除集中荷载，再次进行技术交底，加强安全检查	《施工脚手架通用规范》（GB 55023—2022） 第5.3.1条：脚手架作业层上的荷载不得超过荷载设计值。 《建筑施工脚手架安全技术统一标准》（GB 51210—2016） 第11.2.1条：脚手架作业层上的荷载不得超过设计允许荷载
23	脚手架使用	将模板支撑架、缆风绳、混凝土输送泵管、卸料平台及大型设备的附着件等固定在脚手架上	坍塌	三级	立即消除隐患，再次进行技术交底，加强安全检查	《施工脚手架通用规范》（GB 55023—2022） 第5.3.3条：严禁将支撑脚手架、缆风绳、混凝土输送泵管、卸料平台及大型设备的支承件等固定在作业脚手架上。严禁在作业脚手架上悬挂起重设备。 《建筑施工脚手架安全技术统一标准》（GB 51210—2016） 第11.2.2条：严禁将支撑脚手架、缆风绳、混凝土输送泵管、卸料平台及大型设备的支承件等固定在作业脚手架上。严禁在作业脚手架上悬挂起重设备

续表

序号	风险源（点）		可能发生的事故类型	风险分级	主要防范措施（工程技术、管理、培训教育、个体防护、应急处置措施）	相 关 文 件
24	脚手架使用	当遇6级以上大风、雨雪、浓雾天气时，未停止作业。夜间进行脚手架搭设与拆除作业	坍塌、高处坠落、物体打击	三级	立即停止作业，再次进行技术交底，加强安全检查	《施工脚手架通用规范》（GB 55023—2022） 第5.3.2条：雷雨天气、6级及以上强风天气应停止架上作业；雨、雪、雾天气应停止脚手架的搭设和拆除作业；雨、雪、霜后上架作业应采取有效的防滑措施，雪天应清除积雪。 《建筑施工脚手架安全技术统一标准》（GB 51210—2016） 第11.2.3条：雷雨天气、6级及以上强风天气应停止架上作业；雨、雪、雾天气应停止脚手架的搭设和拆除作业；雨、雪、霜后上架作业应采取有效的防滑措施，并应清除积雪
25	脚手架使用	脚手架使用过程中未定期检查并形成记录	坍塌、高处坠落、物体打击	四级	进行技术交底，开展安全检查并形成检查记录	《施工脚手架通用规范》（GB 55023—2022） 第5.3.4条：脚手架在使用过程中，应定期进行检查并形成记录，脚手架的工作状态应符合下列规定： 1. 主要受力杆件、剪刀撑等加固杆件、连墙件应无缺失、无松动，架体应无明显变形； 2. 场地应无积水，立杆底端应无松动、无悬空； 3. 安全防护设施应齐全、有效，应无损坏缺失； 4. 附着式升降脚手架支座应稳固，防倾、防坠、停层、荷载、同步升降装置应处于良好工作状态，架体升降应正常平稳；

续表

序号	风险源（点）		可能发生的事故类型	风险分级	主要防范措施（工程技术、管理、培训教育、个体防护、应急处置措施）	相　关　文　件
25	脚手架使用	脚手架使用过程中未定期检查并形成记录	坍塌、高处坠落、物体打击	四级	进行技术交底，开展安全检查并形成检查记录	5.悬挑脚手架的悬挑支承结构应固定牢固。 《建筑施工脚手架安全技术统一标准》（GB 51210—2016） 第11.1.5条：脚手架在使用过程中，应定期进行检查，检查项目应符合下列规定。 1.主要受力杆件、剪刀撑等加固杆件、连墙件应无缺失、无松动，架体无明显变形； 2.场地应无积水，立杆底端应无松动、无悬空； 3.安全防护设施应齐全、有效，应无损坏缺失； 4.附着式升降脚手架支座应牢固，防倾、防坠装置应处于良好工作状态，架体升降应正常平稳； 5.悬挑脚手架的悬挑支承结构应固定牢固
26	脚手架使用	脚手架使用期间，在立杆基础附近作业，未对架体采取加固措施	坍塌	四级	立即停止附近作业，进行技术交底，对架体进行评估，并采取加固措施，加强安全检查	《建筑施工脚手架安全技术统一标准》（GB 51210—2016） 第11.2.8条：在脚手架使用期间，立杆基础下及附近不宜进行挖掘作业。当因施工需要需进行挖掘作业时，应对架体采取加固措施
27	脚手架拆除	脚手架的拆除顺序不符合规范要求	坍塌、高处坠落、物体打击	二级	立即停止作业，进行安全技术交底，督促按规范、规程及专项施工方案要求顺序拆除，加强安全检查	《施工脚手架通用规范》（GB 55023—2022） 第5.4.2条：脚手架的拆除作业应符合下列规定： 1.架体的拆除应按自上而下的顺序按逐层进行，不应上下同时作业。

续表

序号	风险源（点）	可能发生的事故类型	风险分级	主要防范措施（工程技术、管理、培训教育、个体防护、应急处置措施）	相关文件
27	脚手架拆除	脚手架的拆除顺序不符合规范要求	坍塌、高处坠落、物体打击	二级	立即停止作业，进行安全技术交底，督促按照规范、规程及专项施工方案要求顺序拆除，加强安全检查	《建筑施工脚手架安全技术统一标准》(GB 51210—2016) 第9.0.8条：脚手架的拆除作业必须符合下列规定： 1. 架体的拆除应从上而下逐层进行，严禁上下同时作业。 2. 同层杆件和构配件必须按先外后内的顺序拆除；剪刀撑、斜撑杆等加固杆件必须在拆卸至该杆件所在部位时再拆除。 3. 作业脚手架连墙件必须随架体逐层拆除，严禁先将连墙件整层或数层拆除后再拆架体。拆除作业过程中，当架体的自由端高度超过2个步距时，必须采取临时拉结措施
28	脚手架拆除	作业脚手架分段拆除时，未加固未拆除部分	坍塌	三级	立即停止作业，进行安全技术交底，督促按照规范、规程及专项施工方案要求拆除，加强安全检查	《施工脚手架通用规范》(GB 55023—2022) 第5.4.3条：作业脚手架分段拆除时，应先对未拆除部分采取加固处理措施后再进行架体拆除

续表

序号	风险源（点）		可能发生的事故类型	风险分级	主要防范措施（工程技术、管理、培训教育、个体防护、应急处置措施）	相 关 文 件
29	脚手架拆除	抛掷拆除后的脚手架材料与构配件	物体打击	二级	立即停止作业，进行安全技术交底，督促按照规范、规程及专项施工方案要求拆除，加强安全检查	《施工脚手架通用规范》（GB 55023—2022） 第5.4.3条：严禁高空抛掷拆除后的脚手架材料与构配件。 《建筑施工脚手架安全技术统一标准》（GB 51210—2016） 第9.0.10条：脚手架的拆除作业不得重锤击打、撬别。拆除的杆件、构配件应采用机械或人工运至地面，严禁抛掷
30	脚手架拆除	拆除作业时无专人监护、交叉作业	坍塌、高处坠落、物体打击	四级	进行安全技术交底，拆除作业时应有专人监护、不交叉作业，加强安全检查	《施工脚手架通用规范》（GB 55023—2022） 第5.4.4条：架体拆除作业应统一组织，并应设专人指挥，不得交叉作业。 《建筑施工脚手架安全技术统一标准》（GB 51210—2016） 第11.2.9条：在搭设和拆除脚手架作业时，应设置安全警戒线、警戒标志，并应派专人监护，严禁非作业人员入内
31	高处作业吊篮	吊篮限位装置不齐全或不灵敏	高处坠落	二级	立即停止作业，按产品说明书和技术规范，要求配齐限位装置不齐全并经调试合格后方可继续使用	《建筑施工工具式脚手架安全技术规范》（JGJ 202—2010） 第5.5.3条：吊篮应安装上限位装置，宜安装下限位装置。 《高处作业吊篮》（GB/T 19155—2017） 第8.3.10.1条：应安装起升限位开关并正确定位。平台在最高位置时自动停止上升；起升运动应在接触终端极限位开关之前停止。

续表

序号	风险源（点）		可能发生的事故类型	风险分级	主要防范措施（工程技术、管理、培训教育、个体防护、应急处置措施）	相 关 文 件
31	高处作业吊篮	吊篮限位装置不齐全或不灵敏	高处坠落	二级	立即停止作业，按产品说明书和技术规范，要求配齐限位装置不齐全并经调试合格后方可继续使用	第8.3.10.2条：应安装下降限位开关并正确定位。平台在最低位置时自动停止下降；如最低位置是地面或安全层面，防撞杆可认为是下降限位开关。在最低位置，平台应在钢丝绳终端极限限位开关接触之前停止。 第8.3.10.3条：应安装终端起升极限限位开关并正确定位。平台在到达工作钢丝极限位置之前完全停止。在其触发后，除非合格人员采取正操作，平台不能上升与下降。 第8.3.10.4条：起升限位开关与终端极限限位开关应有各自独立的控制装置。 第8.3.10.5条：悬挂在配重悬挂支架上的平台，应安装端极限限位开关。 第8.3.10.6条：在地面安装的悬吊平台，不需要下降限位开关
32	高处作业吊篮	安全锁不在有效标定期	高处坠落	三级	立即停止作业，安全锁标定合格后方可使用	《施工现场机械设备检查技术规范》（JGJ 160—2016）第8.2.4条：安全装置应符合下列规定： 1. 安全锁或具有相同作用的独立安全装置，在锁绳状态下不应自动复位，且安全锁应在有效标定期内
33	高处作业吊篮	悬挂机构前支架设不符合要求	高处坠落	二级	立即停止作业，进行安全技术交底，按照产品说明书或专项施工方案架设要求整改验收后方可使用	《建筑施工工具式脚手架安全技术规范》（JGJ 202—2010）第5.4.7条：悬挂机构前支架严禁支撑在女儿墙上，女儿墙外或建筑物挑檐边缘

续表

序号	风险源（点）		可能发生的事故类型	风险分级	主要防范措施（工程技术、管理、培训教育、个体防护、应急处置措施）	相　关　文　件
34	高处作业吊篮	吊篮用钢丝绳不符合要求	高处坠落	三级	立即停止作业，按照产品说明书或专项施工方案更换符合要求的钢丝绳后方可使用	《高处作业吊篮》(GB/T 19155—2017) 第8.10.2条：钢丝绳最小直径6mm。安钢丝绳直径应不小于工作钢丝绳直径。 《建筑机械使用安全技术规程》(JGJ 33—2012) 第4.1.26条：钢丝绳采用编结固定时，编结部分的长度不得小于钢丝绳直径的20倍，并不应小于300mm，其编结部分应用细钢丝捆扎。当采用绳卡固接时，按钢丝绳直径匹配绳卡数量，直径小于18mm的最小绳卡数量3个，绳卡间距是6～7倍钢丝绳直径，最后一个绳卡距绳头的长度不得小于140mm，绳卡滑鞍（夹板）应在网丝绳承载时受力的一侧，U形螺栓应在钢丝绳的尾端，并宜拧紧到使用尾端钢丝绳受压处直径高度压扁1/3
35	高处作业吊篮	吊篮组装不符合说明书、专项施工方案和规范要求	高处坠落	三级	进行安全技术交底，按照产品说明书或专项施工方案组装，验收合格后方可使用	产品说明书 专项施工方案 《建筑施工工具式脚手架安全技术规范》(JGJ 202—2010) 第5.4.1条：高处作业吊篮安装时应按专项施工方案，在专业人员的指导下实施。 第5.4.3条：高处作业吊篮组装前应确认结构件、紧固件已配套且完好，其规格型号和质量应符合设计要求。 第5.4.4条：高处作业吊篮所用的构配件应是同一厂家的产品

续表

序号	风险源（点）	可能发生的事故类型	风险分级	主要防范措施（工程技术、管理、培训教育、个体防护、应急处置措施）	相关文件
36	高处作业吊篮	吊篮内作业人员超过2人	高处坠落	二级	撤离多余人员，进行安全技术交底，加强安全检查	《建筑施工工具式脚手架安全技术规范》（JGJ 202—2010）第5.5.8条：吊篮内的作业人员不应超过2个
37	高处作业吊篮	吊篮作业人员未正确使用安全带、安全绳、安全锁扣	高处坠落	三级	立即停止作业，进行安全技术交底，开展安全教育培训，督促作业人员正确佩戴、使用劳动防护用品，使用安全防护装置，加强安全检查	《建筑施工工具式脚手架安全技术规范》（JGJ 202—2010）第5.5.1条：高处作业吊篮应设置作业人员专用的挂设安全带的安全绳及安全锁扣。安全绳应固定在建筑物可靠位置上不得与吊篮上任何部位有连接，并应符合下列规定：1. 安全绳应符合现行国家标准《安全带》GB 6095的要求，其直径应与安全锁扣的规格相一致；2. 安全绳不得有松散、断股、打结现象；3. 安全带锁扣的配件应完好、齐全，规格和方向标识应清晰可辨。第5.5.13条：使用离心触发式安全锁的吊篮在空中停留作业时，应将安全锁锁定在安全绳上；空中启动吊篮时，应先将吊篮提升使安全绳松弛后再开启安全锁。不得在安全绳受力时强行扳动安全锁开启手柄；不得将安全锁开启手柄固定于开启位置
38	高处作业吊篮	吊篮平台周边防护不严密	高处坠落、物体打击	四级	立即停止作业，按照产品说明书或专项施工方案要求进行整改验收合格后方可继续使用	《建筑施工工具式脚手架安全技术规范》（JGJ 202—2010）第5.5.2条：吊篮宜安装防护棚，防止高处坠物造成作业人员伤害。

续表

序号	风险源（点）		可能发生的事故类型	风险分级	主要防范措施（工程技术、管理、培训教育、个体防护、应急处置措施）	相 关 文 件
38	高处作业吊篮	吊篮平台周边防护不严密	高处坠落、物体打击	四级	立即停止作业，按照产品说明书或专项施工方案要求进行整改验收合格后方可继续使用	第5.5.4条：使用吊篮作业时，应排除影响吊篮正常运行的障碍。在吊篮下方可能造成坠物伤害的范围，应设置安全隔离区和警告标志，人员或车辆不得停留、通行
39	高处作业吊篮	吊篮超载使用或使用吊篮运输物料	高处坠落、物体打击	三级	立即停止作业，进行安全技术交底，开展安全教育培训，督促正确使用吊篮，加强安全检查	《建筑施工工具式脚手架安全技术规范》（JGJ 202—2010）第5.5.7条：不得将吊篮作为垂直运输设备，不得采用吊篮运送物料。第5.5.11条：吊篮平台内应保持荷载均衡，不得超载运行
40	高处作业吊篮	吊篮配重件未采用防止随意移动的措施	高处坠落	二级	立即停作业，进行安全技术交底，开展安全教育培训，增加防移动措施和警示标识，加强安全检查	《建筑施工工具式脚手架安全技术规范》（JGJ 202—2010）第5.4.10条：配重件应稳定可靠地安放在配重架上，并应有防止随意移动的措施。严禁使用破损的配重或其他替代物。配重件的重量应符合设计规定
41	高处作业吊篮	恶劣天气未停止吊篮施工，未固定	高处坠落、物体打击	三级	立即停止作业，采取固定措施	《建筑施工工具式脚手架安全技术规范》（JGJ 202—2010）第5.5.19条：当吊篮施工遇到雨雪、大雾、风沙及5级以上大风等恶劣天气时，应停止作业，并应将吊篮平台停放至地面，应对钢丝绳、电缆进行绑扎固定
42	高处作业吊篮	停止工作时吊篮悬空停放、主电源未切断	触电、高处坠落、物体打击	四级	将吊篮停放在平整的地面或平台，确保吊篮重心平稳，切断主电源	《建筑施工工具式脚手架安全技术规范》（JGJ 202—2010）第5.5.21条：下班后不得将吊篮停留在半空中，应将吊篮放至地面。人员离开吊篮、进行吊篮维修或每日收工后应将主电源切断，并应将电气柜中各开关置于断开位置并加锁

4.2 基坑工程

基坑工程施工安全风险管控清单（表4-2）的制定参考了《建筑与市政施工现场安全卫生与职业健康通用规范》（GB 55034—2022）、《市政工程施工安全检查标准》（CJJ/T 275—2018）、《建筑施工土石方工程安全技术规范》（JGJ 180—2009）、《建筑深基坑工程施工安全技术规范》（JGJ 311—2013）、《建筑桩基技术规范》（JGJ 94—2008）、《基坑支护技术标准》（SJG 05—2020）、《危险性较大的分部分项工程安全管理规定》（中华人民共和国住房和城乡建设部令第37号）、《房屋市政工程生产安全重大事故隐患判定标准（2024版）》、《水利工程建设项目生产安全重大事故隐患清单指南制定（2023年版）》。

表4-2　　　　基坑工程施工安全风险管控清单

序号	风险源（点）	可能发生的事故类型	风险分级	主要防范措施（工程技术、管理、培训教育、个体防护、应急处置措施）	相关文件
1	施工方案	开挖深度超过5m（含5m）的基坑（槽）的土方开挖、支护、降水工程未编制专项方案或未进行专家论证	坍塌、高处坠落	一级	暂停施工，编制专项施工方案，组织专家论证，进行方案和安全技术交底，并对方案执行情况开展检查	《危险性较大的分部分项工程安全管理规定》（中华人民共和国住房和城乡建设部令第37号）第十二条：对于超过一定规模的危大工程，施工单位应当组织召开专家论证会对专项施工方案进行论证。实行施工总承包的，由施工总承包单位组织召开专家论证会。专家论证前专项施工方案应当通过施工单位审核和总监理工程师审查
2	施工方案	开挖深度超过3m（含3m）的基坑（槽）支护、降水工程未编制专项方案	坍塌	二级	编制专项施工方案，进行方案和安全技术交底，并对方案执行情况开展检查	《危险性较大的分部分项工程安全管理规定》（中华人民共和国住房和城乡建设部令第37号）第十条：施工单位应当在危大工程施工前组织工程技术人员编制专项施工方案

续表

序号	风险源（点）	可能发生的事故类型	风险分级	主要防范措施（工程技术、管理、培训教育、个体防护、应急处置措施）	相 关 文 件
3	施工方案	开挖深度虽未超过3m但地质条件和周边环境复杂的基坑（槽）支护、降水工程未编制专项方案	坍塌	二级	编制专项施工方案，进行方案和安全技术交底，并对方案执行情况开展检查	《危险性较大的分部分项工程安全管理规定》（中华人民共和国住房和城乡建设部令第37号）第十条：施工单位应当在危大工程施工前组织工程技术人员编制专项施工方案
4	施工方案	基坑周边环境或施工条件发生变化，专项施工方案未重新进行审核、审批	坍塌	二级	重新编制专项施工方案、审核、批准，进行方案和安全技术交底，并对方案执行情况开展检查	《危险性较大的分部分项工程安全管理规定》（中华人民共和国住房和城乡建设部令第37号）第十六条：施工单位应当严格按照专项施工方案组织施工，不得擅自修改专项施工方案。因规划调整、设计变更等原因确需调整的，修改后的专项施工方案应当按照本规定重新审核和论证。涉及资金或者工期调整的，建设单位应当按照约定予以调整
5	施工方案	专项施工方案实施前未进行安全技术交底，安全技术交底无针对性，安全技术交底无文字记录	坍塌	三级	对专项施工方案进行安全技术交底并形成文字记录，加强检查	《市政工程施工安全检查标准》（CJJ/T 275—2018）第4.1.3条：专项施工方案实施前，应进行技术交底，并应有文字记录
6	基坑支护	基坑放坡坡率不符合设计文件、专项施工方案要求	坍塌	二级	按专项施工方案和技术规范放坡，进行安全交底，加强检查	设计文件《市政工程施工安全检查标准》（CJJ/T 275—2018）第4.1.3：地质条件良好、土质均匀且无地下水的自然放坡的坡率应符合设计和国家现行相关标准要求。《建筑施工土石方工程安全技术规范》（JGJ 180—2009）第6.3.5条：地质条件良好、土质均匀且无地下水的自然放坡的坡率允许值应根据地方经验确定

续表

序号	风险源（点）	可能发生的事故类型	风险分级	主要防范措施（工程技术、管理、培训教育、个体防护、应急处置措施）	相 关 文 件
7	基坑支护	不能放坡开挖的基坑工程或人工开挖的狭窄基槽，开挖深度较大或存在边坡塌方危险未采取支护措施	坍塌	二级	执行专项施工方案和技术规范采取技术措施，进行安全交底，加强安全检查	设计文件 《市政工程施工安全检查标准》（CJJ/T 275—2018） 第4.1.3条：当开挖深度较大并存在边坡塌方危险时，应按设计要求进行支护。 《建筑施工土石方工程安全技术规范》（JGJ 180—2009） 第6.3.4条：对人工开挖的狭窄基槽或坑井，开挖深度较大或存在边坡塌方危险，应采取支护措施
8	基坑支护	基坑支护结构、连接等不符合设计要求	坍塌	三级	按照设计文件、专项施工方案进行支护、连接，加强安全检查	设计文件 《市政工程施工安全检查标准》（CJJ/T 275—2018） 第4.1.3条：采取内支撑的基坑工程，钢支撑与围护结构的连接、预应力施加应符合设计和专项施工方案要求
9	基坑支护	锚杆（索）施工前未进行基本试验，施工完成后未进行验收试验	坍塌	三级	按照设计文件、专项施工方案开展试验检测并进行检查	《市政工程施工安全检查标准》（CJJ/T 275—2018） 第4.1.3条：锚杆或锚索施工前应进行现场拉拔试验，施工完成后应进行验收。 《基坑支护技术标准》（SJG 05—2020） 第10.1.2条：用于安全等级为一、二级的基坑工程或缺乏经验的地层中的锚杆，施工前应进行基本试验，并根据试验结果对设计参数和施工工艺进行调整。

续表

序号	风险源（点）		可能发生的事故类型	风险分级	主要防范措施（工程技术、管理、培训教育、个体防护、应急处置措施）	相 关 文 件
9	基坑支护	锚杆（索）施工前未进行基本试验，施工完成后未进行验收试验	坍塌	三级	按照设计文件、专项施工方案开展试验检测并进行检查	《基坑支护技术标准》（SJG 05—2020） 第10.4.1条：锚杆验收试验：注浆体强度检验试块数量每30根锚杆不少于一组，每组试块数量砂浆为3块，水泥净浆为6块；锚杆验收试验应在锚固体强度达到设计强度的80%以后进行；锚杆验收试验检验数量应取锚杆总数的5%，且不得少于3根；验收试验锚杆的确定应具有代表性，并遵守随机抽样的原则；最大验收试验荷载取锚杆轴向拉力标准值的1.2倍
10	基坑支护	断层、裂隙、破碎带等不良地质构造的高边坡，未按设计要求及时采取支护措施或未经验收合格即进行下一梯段施工	坍塌	一级	暂停施工，执行专项施工方案和技术规范采取支护措施并验收，加强安全检查	《水利工程建设项目生产安全重大事故隐患清单指南（2023年版）》
11	基坑降排水	未按设计要求进行降排水	坍塌	三级	按专项施工方案和技术规范采取降排水，加强安全检查	《市政工程施工安全检查标准》（CJJ/T 275—2018） 第4.1.3条：基坑开挖深度范围内有地下水时，应采取有效的降排水措施，并应有防止临近建（构）筑沉降、倾斜的措施。 《建筑深基坑工程施工安全技术规范》（JGJ 311—2013） 第7.1.1条：地下水和地表水控制应根据设计文件、基坑开挖场地工程地质、水文地质条件及基坑周边环境条件编制施工组织设计或施工方案

续表

序号	风险源（点）	可能发生的事故类型	风险分级	主要防范措施（工程技术、管理、培训教育、个体防护、应急处置措施）	相 关 文 件
12	基坑降排水	基坑降水未对周边环境进行监测或采取措施	坍塌	三级	按专项施工方案和技术规范对基坑降水时周边环境进行监测或采取措施，加强安全检查	《建筑深基坑工程施工安全技术规范》（JGJ 311—2013）第7.5.1条：降水引起的基坑周边环境影响预测宜包括下列内容： 1. 地面沉降、塌陷。 2. 建（构）筑物、地下管线开裂、位移、沉降、变形。 3. 产生流砂、流土、管涌、潜蚀等
13	基坑降排水	基坑边沿周围地面及基坑底部四周未设置排水沟、集水井等排水设施	坍塌	三级	按专项施工方案和技术规范设置排水设施，加强安全检查	《市政工程施工安全检查标准》（CJJ/T 275—2018）第4.1.3条：基坑周边地面应按专项施工方案的要求设置截、排措施和防止地表水冲刷坑壁的措施，放坡开挖时，应对坡顶、坡面、坡脚采取降排水措施
14	基坑降排水	基坑排水设施或设置不符合设计要求或降排水不及时	坍塌	四级	按专项施工方案和技术规范设置排水设施并及时抽排水，加强安全检查	《市政工程施工安全检查标准》（CJJ/T 275—2018）第4.1.3条：基坑底周边应按专项施工方案要求设置排水沟和集水井，并应及时排除积水
15	基坑开挖	支护结构未达到设计要求的强度提前开挖下层土方	坍塌	三级	进行安全技术交底，按专项施工方案和技术规范开挖，加强安全检查	《市政工程施工安全检查标准》（CJJ/T 275—2018）第4.1.3条：基坑支护面上的锚杆或锚索、土钉、支撑必须在达到设计要求后，方可开挖下层土方，严禁提前开挖和超挖。

续表

序号	风险源（点）	可能发生的事故类型	风险分级	主要防范措施（工程技术、管理、培训教育、个体防护、应急处置措施）	相 关 文 件
15	基坑开挖 支护结构未达到设计要求的强度提前开挖下层土方	坍塌	三级	进行安全技术交底，按专项施工方案和技术规范开挖，加强安全检查	《建筑深基坑工程施工安全技术规范》（JGJ 311—2013） 第8.1.1条：当支护结构构件强度达到开挖阶段的设计强度时，方可向下开挖；对采用预应力锚杆的支护结构，应在施加预加力后，方可开挖下层土方；对土钉墙，应在土钉、喷射混凝土面层的养护时间大于2d后，方可开挖下层土方。 《建筑施工土石方工程安全技术规范》（JGJ 180—2009） 第6.3.2条：基坑支护结构必须在达到设计要求的强度后，方可开挖下层土方，严禁提前开挖和超挖。施工过程中，严禁设备或重物碰撞支撑、腰梁、锚杆等基坑支护结构，亦不得在支护结构上放置或悬挂重物
16	基坑开挖 未按设计和施工方案要求分层、分段、限时开挖或开挖不均衡、不对称	坍塌	三级	进行安全技术交底，按专项施工方案和技术规范开挖，加强安全检查	《市政工程施工安全检查标准》（CJJ/T 275—2018） 第4.1.3条：基坑开挖应按设计和专项施工方案要求分层、分段、限时、均衡、对称开挖。 《建筑深基坑工程施工安全技术规范》（JGJ 311—2013） 第8.1.1条：应按支护结构设计规定的施工顺序和开挖深度分层开挖。 《建筑施工土石方工程安全技术规范》（JGJ 180—2009） 第6.3.2条：基坑支护结构必须在达到设计要求的强度后，方可开挖下层土方，严禁提前开挖和超挖

续表

序号	风险源（点）	可能发生的事故类型	风险分级	主要防范措施（工程技术、管理、培训教育、个体防护、应急处置措施）	相关文件
17	基坑开挖	开挖过程中未采取防碰撞支护结构或工程桩的有效措施	坍塌	三级	进行安全技术交底，执行专项施工方案和技术规范，开挖过程中应采取防碰撞支护结构或工程桩的措施，加强安全检查	《市政工程施工安全检查标准》（CJJ/T 275—2018） 第4.1.3条：基坑开挖应有防碰撞支护结构、工程桩或扰动基底原状土土层的有效措施。 《建筑深基坑工程施工安全技术规范》（JGJ 311—2013） 第8.1.1条：开挖时，挖土机械不得碰撞或损害锚杆、腰梁、土钉墙面、内支撑及其连接件等构件，不得损害已施工的基础桩。 《建筑施工土石方工程安全技术规范》（JGJ 180—2009） 第6.3.2条：基坑支护结构必须在达到设计要求的强度后，方可开挖下层土方，严禁提前开挖和超挖。施工过程中，严禁设备或重物碰撞支撑、腰梁、锚杆等基坑支护结构，亦不得在支护结构上放置或悬挂重物
18	基坑开挖	机械在软土场地作业未采取有效措施	机械伤害	四级	进行安全技术交底，执行专项施工方案和技术规范采取加固措施，加强安全检查	《市政工程施工安全检查标准》（CJJ/T 275—2018） 第4.1.3条：机械在软土场地作业时，应采取铺设渣土或砂石等硬化措施。 《建筑施工土石方工程安全技术规范》（JGJ 180—2009） 第6.3.6条：在软土场地上挖土，当机械不能正常行走和作业时，应对挖土机械行走路线用铺设渣土或砂石等方法进行硬化

续表

序号	风险源（点）		可能发生的事故类型	风险分级	主要防范措施（工程技术、管理、培训教育、个体防护、应急处置措施）	相 关 文 件
19	基坑开挖	基坑土方超挖且未采取有效措施	坍塌	一级	暂停施工，进行安全技术交底，执行专项施工方案和技术规范，不得超挖，加强安全检查	《房屋市政工程生产安全重大事故隐患判定标准（2024版）》
20	基坑开挖	深基坑土方开挖放坡坡度不满足其稳定性要求且未采取加固措施	坍塌	一级	暂停施工，进行安全技术交底，执行专项施工方案和技术规范，加强安全检查	《水利工程建设项目生产安全重大事故隐患清单指南（2023年版）》
21	坑边荷载	基坑边坡、坡顶荷载超过设计值	坍塌	二级	清除或减轻坡顶荷载，进行安全技术交底，加强安全检查	《市政工程施工安全检查标准》（CJJ/T 275—2018）第4.1.3条：基坑边堆置土、料具等荷载不得超出基坑设计允许范围。《建筑基坑支护技术规程》（JGJ 120—2012）第8.1.5条：基坑周边施工材料、设施或车辆荷载严禁超过设计要求的地面荷载限值。《建筑深基坑工程施工安全技术规范》（JGJ 311—2013）第11.2.2条：基坑周边使用荷载不应超过设计限值。《基坑支护技术标准》（SJG 05—2020）第13.1.3条：基坑周边严禁超载，周边要设置材料堆场或建设临时设施时，其荷载不得超过设计要求；基坑挖出的土应及时运离基坑，如需要临时堆土或留作回填时，应按设计要求进行堆土；当设计没有要求时，堆土坡脚至基坑上部边缘距离不宜少于1.5倍基坑深度，弃土堆置高度不宜超过1.5m，否则应复核基坑的安全性；滨海软土地区基坑周边三倍基坑深度范围内严禁堆土

第 4 章 施工作业类安全风险管控清单

【47】

续表

序号	风险源（点）	可能发生的事故类型	风险分级	主要防范措施（工程技术、管理、培训教育、个体防护、应急处置措施）	相关文件
22	坑边荷载	施工机械、物料与基坑边沿的安全距离不足	坍塌、物体打击	二级	进行安全技术交底，遵守专项方案或操作规程，加强安全检查	《市政工程施工安全检查标准》（CJJ/T 275—2018）第4.1.3条：机械设备与基坑边的安全距离应符合国家现行相关标准要求。《建筑基坑支护技术规程》（JGJ 120—2012）第8.1.5条：基坑周边施工材料、设施或车辆荷载严禁超过设计要求的地面荷载限值。《建筑深基坑工程施工安全技术规范》（JGJ 311—2013）第11.2.2条：基坑周边使用荷载不应超过设计限值
23	安全防护	基坑周边无防护栏杆或防护栏杆不符合要求	坍塌、高处坠落、物体打击	三级	进行安全技术交底，按专项方案和技术规范要求增设或改进防护栏杆，加强安全检查	《市政工程施工安全检查标准》（CJJ/T 275—2018）第4.1.4条：开挖深度超过2m及以上的基坑周边必须安装防护栏杆。《建筑施工土石方工程安全技术规范》（JGJ 180—2009）第6.2.1条：开挖深度超过2m的基坑周边必须安装防护栏杆。防护栏杆高度不应低于1.2m，防护栏杆由横杆及立杆组成，横杆应设2～3道，下杆离地高度宜为0.3～0.6m，上杆防地高度宜为1.2～1.5m，立杆间距不宜大于2.0m，立杆离坡边距离宜大于0.5m，防护标杆宜加挂密目安全网和挡脚板，挡脚板下沿离地高度不应大于10mm，防护栏杆应安装牢固，材料应有足够的强度。

注：表格中"序号"列对应的单元格实际包含"序号"、"风险源（点）"、"可能发生的事故类型"、"风险分级"、"主要防范措施"、"相关文件"六列。

续表

序号	风险源（点）		可能发生的事故类型	风险分级	主要防范措施（工程技术、管理、培训教育、个体防护、应急处置措施）	相 关 文 件
23	安全防护	基坑周边无防护栏杆或防护栏杆不符合要求	坍塌、高处坠落、物体打击	三级	进行安全技术交底，按专项方案和技术规范要求增设或改进防护栏杆，加强安全检查	《建筑与市政施工现场安全卫生与职业健康通用规范》（GB 55034—2022） 第3.2.1条：在坠落高度基准面上方2m及以上进行高处作业时，应设置安全防护设施并采取防滑措施，高处作业人员应正确佩戴安全帽、安全带等劳动防护用品
24	安全防护	桩孔口、降水井口未进行盖板或围栏防护	高处坠落	三级	增设防护盖板和围栏，加强安全检查	《市政工程施工安全检查标准》（CJJ/T 275—2018） 第4.1.4条：降水井口应设置防护盖板或围栏，并应设置明显的警示标志。 《建筑施工土石方工程安全技术规范》（JGJ 180—2009） 第6.3.10条：采用井点降水时，井口应设置防护盖板或围栏，设置明显的警示标志。降水完成后，应及时将井填实
25	安全防护	基坑内未设置供施工人员上下的专用通道或梯道	高处坠落	四级	执行专项施工方案和技术规范，设置通道	《市政工程施工安全检查标准》（CJJ/T 275—2018） 第4.1.4条：基坑内应设置作业人员上下通道，通道数量不应少于2处，宽度不应小于1m，且应保证通道畅通。 《建筑施工土石方工程安全技术规范》（JGJ 180—2009） 第6.2.2条：基坑内宜设置供施工人员上下的专用梯道。梯道应设扶手栏杆，梯道的宽度不应小于1m。梯道的搭设应符合相关安全规范的要求

续表

序号	风险源（点）		可能发生的事故类型	风险分级	主要防范措施（工程技术、管理、培训教育、个体防护、应急处置措施）	相 关 文 件
26	支撑拆除	基坑支撑结构的拆除方式、顺序不符合专项施工方案的要求	坍塌	二级	进行安全技术交底，执行专项施工方案和技术规范，加强安全检查	《建筑施工安全检查标准》（JGJ 59—2011） 第3.11条：基坑支撑结构的拆除方式、拆除顺序应符合专项施工方案的要求。 《建筑深基坑工程施工安全技术规范》（JGJ 311—2013） 第6.9.1条：支撑系统的施工与拆除，应按先撑后挖、先托后拆的顺序，拆除顺序应与支护结构的设计工况相一致，并应结合现场支护结构内力与变形的监测结果进行
27	支撑拆除	基坑结构支撑拆除作业未设置防护设施	物体打击、坍塌、高处坠落	三级	执行专项施工方案和技术规范，增设防护措施，加强安全检查	《建筑深基坑工程施工安全技术规范》（JGJ 311—2013） 第6.9.8条：拆撑作业施工范围严禁非操作人员入内，切割焊和吊运过程中工作区严禁入内，拆除的零部件严禁随意抛落。当钢筋混凝土支撑采用爆破拆除施工时，现场应划定危险区域，并应设置警戒线和相关的安全标志，警戒范围内不得有人员逗留，并应派专人监管。支撑拆除时应设置安全可靠的防护措施和作业空间，当需利用永久结构底板或楼板作为支撑拆除平台时，应采取有效的加固及保护措施，并应征得主体结构设计单位同意
28	支撑拆除	支护及主体结构未达到设计要求的拆除条件时拆除基坑支撑	坍塌	二级	进行安全技术交底，检查是否达到拆除条件，达到拆除条件后方可拆除，加强安全检查	《建筑基坑支护技术规程》（JGJ 120—2012） 第8.1.4条：采用锚杆或支撑的支护结构，在未达到设计规定的拆除条件时，严禁拆除锚杆或支撑。

续表

序号	风险源（点）		可能发生的事故类型	风险分级	主要防范措施（工程技术、管理、培训教育、个体防护、应急处置措施）	相 关 文 件
28	支撑拆除	支护及主体结构未达到设计要求的拆除条件时拆除基坑支撑	坍塌	二级	进行安全技术交底，检查是否达到拆除条件，达到拆除条件后方可拆除，加强安全检查	《建筑深基坑工程施工安全技术规范》（JGJ 311—2013）第6.9.8条：换撑工况应满足设计工况要求，支撑应在梁板柱结构及换撑结构达到设计要求的强度后对称拆除
29	支撑拆除	机械拆除作业时，施工荷载大于支撑结构承载能力	坍塌	四级	减轻荷载，进行安全技术交底，执行专项施工方案和技术规范，加强安全检查	《市政工程施工安全检查标准》（CJJ/T 275—2018）第4.1.4条：当采用机械拆除时，施工荷载应小于支撑结构承载力。《建筑深基坑工程施工安全技术规范》（JGJ 311—2013）第6.9.11条：应按施工组织设计选定的机械设备及吊装方案进行施工，严禁超载作业或任意扩大拆除范围
30	支撑拆除	使用的起重设备不能满足拆除需要	起重伤害	三级	进行安全技术交底，配置适合的起重设备，加强安全检查	《建筑深基坑工程施工安全技术规范》（JGJ 311—2013）第6.9.11条：应按施工组织设计选定的机械设备及吊装方案进行施工，严禁超载作业或任意扩大拆除范围
31	支撑拆除	采用爆破拆除方式不符合标准规范规定	坍塌、爆炸	四级	进行安全技术交底，采用符合标准规范要求的爆破拆除方式，加强安全检查	《建筑深基坑工程施工安全技术规范》（JGJ 311—2013）第6.9.9条：钢筋混凝土支撑爆破应根据周围环境作业条件、爆破规模，应按现行国家标准《爆破安全规程》（GB 6722）分级，采取相应的安全技术措施。爆破拆除钢筋混凝土支撑应进行安全评估，并应经当地有关部门审核批准后实施。应根据支撑结构特点制定爆破拆除顺序，爆破孔宜在钢筋混凝土支撑施工时预留。支撑与围护结构或主体结构相连的区域应先行切断，在爆破支撑顶面和底部应加设防护层

续表

序号	风险源（点）		可能发生的事故类型	风险分级	主要防范措施（工程技术、管理、培训教育、个体防护、应急处置措施）	相 关 文 件
32	基坑监测	深基坑未按设计及监测方案要求进行监测	坍塌	一级	暂停施工，按规范要求开展监测，监测数据符合设计、规范要求后方可继续施工	《房屋市政工程生产安全重大事故隐患判定标准（2024版）》设计文件 《建筑基坑工程监测技术标准》（GB 50497—2019） 第3.0.11条：监测单位应按监测方案实施监测。当基坑工程设计或施工有重大变更时，监测单位应与建设方及相关单位研究并及时调整监测方案
33	基坑监测	监测频率不符合方案要求或应加大监测频次时未加密观测	坍塌	二级	按规范要求进行监测，开展检查	设计文件 《市政工程施工安全检查标准》（CJJ/T 275—2018） 第4.1.3条：监测的时间间隔应根据监测方案及施工进度确定，当监测结果变化速率较大时，应加密观测频率。 《建筑基坑工程监测技术标准》（GB 50497—2019） 第7.0.4条：当出现下列情况之一时，应提高监测频率。监测值达预警值；监测值变化较大时或者速率加快；存在勘察未发现的不良地质状况；超深、超长开挖或未及时加撑等违反设计工况施工；基坑及周边大量积水、长时间连续降雨、市政管道出现泄漏；基坑附近地面荷载突然增大或超过设计限值；支护结构出现开裂；周边地面突发较大沉降、不均匀沉降或出现严重开裂；基坑底部、侧壁出现管涌、渗漏或流砂等现象

续表

序号	风险源（点）		可能发生的事故类型	风险分级	主要防范措施（工程技术、管理、培训教育、个体防护、应急处置措施）	相关文件
34	基坑监测	监测预警值未根据土质特性、设计结果及经验因素确定	坍塌	二级	按规范要求进行监测，开展检查	设计文件 《建筑基坑工程监测技术标准》（GB 50497—2019） 第8.0.1条：监测预警值应满足基坑支护结构、周边环境的变形和安全控制要求。监测预警值应由基坑工程设计确定
35	基坑监测	未对深基坑、支护结构及周边环境进行监测或监测不符合标准规范要求	坍塌	二级	按规范要求进行监测，开展检查	设计文件 《建筑基坑工程监测技术标准》（GB 50497—2019） 第3.0.9条：现场监测对象宜包括：支护结构；基坑及周围岩土体；地下水；周边环境中的被保护对象，包括周边建筑、管线、轨道交通、铁路及重要的道路等
36	基坑监测	基坑结构变形达到设计预警值未采取有效措施	坍塌	二级	变形达到设计预警值时应暂停施工，按照专项施工方案和技术规范采取措施后方可继续施工，开展检查	《危险性较大的分部分项工程安全管理规定》（中华人民共和国住房和城乡建设部令第37号） 第二十条：监测单位应当按照监测方案开展监测，及时向建设单位报送监测成果，并对监测成果负责；发现异常时，及时向建设、设计、施工、监理单位报告，建设单位应当立即组织相关单位采取处置措施。 《建筑施工安全检查标准》（JGJ 59—2011） 第3.11条：基坑支护结构水平位移应在设计允许范围内。

续表

序号	风险源（点）		可能发生的事故类型	风险分级	主要防范措施（工程技术、管理、培训教育、个体防护、应急处置措施）	相 关 文 件
36	基坑监测	基坑结构变形达到设计预警值未采取有效措施	坍塌	二级	变形达到设计预警值时应暂停施工，按照专项施工方案和技术规范采取措施后方可继续施工，开展检查	《建筑深基坑工程施工安全技术规范》（JGJ 311—2013） 第5.4.5条：基坑工程变形监测数据超过报警值，或出现基坑、周边建（构）筑、管线失稳破坏征兆时，应立即停止施工作业，撤离人员，待险情排除后方可恢复施工
37	作业环境	作业人员在机械回转半径内作业	机械伤害	三级	进行安全技术交底，开展培训教育，加强安全检查	《市政工程施工安全检查标准》（CJJ/T 275—2018） 第4.1.4条：基坑内土方机械、施工人员的安全距离应符合国家现行相关标准要求。 《建筑施工土石方工程安全技术规范》（JGJ 180—2009） 第3.1.7条：配合机械设备作业的人员，应在机械设备的回转半径以外工作；当在回转半径内作业时，必须有专人协调指挥
38	作业环境	各种管线范围内挖土作业未设专人监护	物体打击、其他	四级	设专人监护，进行安全技术交底，加强安全检查	《市政工程施工安全检查标准》（CJJ/T 275—2018） 第4.1.4条：在电力、通信、燃气管线2m范围内及给水排水管道1m范围内挖土时，应采取安全保护措施，并应设专人监护。 《建筑施工土石方工程安全技术规范》（JGJ 180—2009） 第6.3.1条：在电力管线、通信管线、燃气管线2m范围内及上下水管线1m范围内挖土时，应有专人监护

续表

序号	风险源（点）		可能发生的事故类型	风险分级	主要防范措施（工程技术、管理、培训教育、个体防护、应急处置措施）	相 关 文 件
39	作业环境	夜间施工，照明不足	机械伤害、高处坠落	四级	增设照明设施，满足施工要求，加强安全检查	《市政工程施工安全检查标准》（CJJ/T 275—2018） 第4.1.4条：施工作业区域应采光良好，当光线较弱时应设置足够照度的光源。 《建筑施工土石方工程安全技术规范》（JGJ 180—2009） 第3.1.10条：夜间工作时，现场必须有足够照明；机械设备照明装置应完好无损
40	作业环境	上下垂直交叉作业未采取防护措施	物体打击	四级	进行安全技术交底，采取防护措施，加强安全检查	《市政工程施工安全检查标准》（CJJ/T 275—2018） 第4.1.4条：上下垂直作业应采取有效的防护措施。 《建筑施工土石方工程安全技术规范》（JGJ 180—2009） 第6.2.4条：同一垂直作业面的上下层不宜同时作业。需要同时作业时，上下层之间应采取隔离防护措施
41	其他	对因基坑工程施工可能造成损害的毗邻重要建筑物、构筑物和地下管线等，未采取专项防护措施	坍塌	一级	暂停施工，执行专项施工方案和技术规范采取专项防护措施，加强安全检查	《房屋市政工程生产安全重大事故隐患判定标准（2024版）》
42	其他	出现下列情况之一的，未及时进行处理：支护结构或周边建筑物变形值超过设计变形控制值；基坑侧壁出现大量漏水、流土；基坑底部出现管涌；桩间土流失孔洞深度超过桩径	坍塌	一级	暂停施工，启动应急预案，按照专项施工方案采取加固措施，加强检查	《房屋市政工程生产安全重大事故隐患判定标准（2024版）》

续表

序号	风险源（点）	可能发生的事故类型	风险分级	主要防范措施（工程技术、管理、培训教育、个体防护、应急处置措施）	相 关 文 件
43	人工挖孔桩	开挖深度超过16m的人工挖孔桩工程未编制专项方案或未进行专家论证	坍塌、高处坠落、物体打击	一级	暂停施工，编制专项施工方案，组织专家论证并按方案执行	《危险性较大的分部分项工程安全管理规定》（中华人民共和国住房和城乡建设部令第37号）第十二条：对于超过一定规模的危大工程，施工单位应当组织召开专家论证会对专项施工方案进行论证。实行施工总承包的，由施工总承包单位组织召开专家论证会。专家论证前专项施工方案应当通过施工单位审核和总监理工程师审查
44	人工挖孔桩	人工挖扩孔桩工程未编制专项方案	坍塌、高处坠落、物体打击	二级	编写专项施工方案，进行安全技术交底	《危险性较大的分部分项工程安全管理规定》（中华人民共和国住房和城乡建设部令第37号）第十条：施工单位应当在危大工程施工前组织工程技术人员编制专项施工方案
45	人工挖孔桩	作业人员上下桩孔通道不符合规范要求	高处坠落	二级	进行安全技术交底，按专项施工方案或技术规范增设作业人员上下通道	《建筑桩基技术规范》（JGJ 94—2008）第6.6.7条：孔内必须设置应急爬梯供人员上下；使用的电葫芦、吊笼等应安全可靠，并配有自动卡紧保险装置，不得使用麻绳和尼龙绳吊挂或脚踏井壁凸缘上下；电葫芦宜用按钮式开关，使用前必须检验其安全起吊能力
46	人工挖孔桩	孔内通风、气体检测等符合要求	中毒、窒息	四级	进行安全技术交底，采取通风措施并进行检测，加强安全检查	《建筑桩基技术规范》（JGJ 94—2008）第6.6.7条：每日开工前必须检测孔下的有毒、有害气体，并应有相应的安全防范措施；当桩孔开挖深度超过10m时，应有专门向井下送风的设备，风量不宜少于25L/s

续表

序号	风险源（点）	可能发生的事故类型	风险分级	主要防范措施（工程技术、管理、培训教育、个体防护、应急处置措施）	相 关 文 件
47	人工挖孔桩	桩孔周边防护不符合要求	高处坠落	四级	进行安全技术交底，设置满足要求的防护措施，加强安全检查	《建筑桩基技术规范》（JGJ 94—2008） 第6.6.7条：孔口四周必须设置护栏，护栏高度宜为0.8m
48	人工挖孔桩	土方堆放、周边交通对井壁安全造成影响	坍塌	四级	清除周围土方，加固井壁并采取交通封闭措施，进行安全技术交底，加强安全检查	《建筑桩基技术规范》（JGJ 94—2008） 第6.6.7条：挖出的土石方应及时运离孔口，不得堆放在孔口周边1m范围内，机动车辆的通行不得对井壁的安全造成影响
49	人工挖孔桩	桩孔护壁施工不符合设计要求	坍塌	三级	进行安全技术交底，按设计文件或技术规范施工，加强检查	设计文件 《建筑桩基技术规范》（JGJ 94—2008） 第6.6.10条：护壁的厚度、拉接钢筋、配筋、混凝土强度等级均应符合设计要求；上下节护壁的搭接长度不得小于50mm；每节护壁均应在当日连续施工完毕；护壁混凝土必须保证振捣密实，应根据土层渗水情况使用速凝剂；护壁模板的拆除应在灌注混凝土24h之后；发现护壁有蜂窝、漏水现象时，应及时补强；同一水平面上的井圈任意直径的极差不得大于50mm；当遇有局部或厚度不大于1.5m的流动性淤泥和可能出现的涌土涌砂时，应将每节护壁的高度减小到300～500mm，并随挖、随验、随灌混凝土，采取钢护筒或有效的降水措施

4.3 模板支架

模板支架工程施工安全风险管控清单（表4-3）的制定参考了《市政工程施工安全检查标准》（CJJ/T 275—2018）、《建筑施工模板安全技术规范》（JGJ 162—2008）、《建筑施工脚手架安全技术统一标准》（GB 51210—2016）、《危险性较大的分部分项工程安全管理规定》（中华人民共和国住房和城乡建设部令第37号）、《房屋市政工程生产安全重大事故隐患判定标准（2024版）》、《水利工程建设项目生产安全重大事故隐患清单指南（2023年版）》。

表4-3　　　　　　　模板支架工程施工安全风险管控清单

序号	风险源（点）		可能发生的事故类型	风险分级	主要防范措施（工程技术、管理、培训教育、个体防护、应急处置措施）	相关文件
1	施工方案	工具式模板工程（包括滑模、爬模、飞模、隧道模等工程）未编制专项施工方案或方案未进行专家论证	坍塌	一级	按要求编制专项施工方案，组织专家论证，进行方案和安全技术交底，并对方案执行情况开展检查	《危险性较大的分部分项工程安全管理规定》（中华人民共和国住房和城乡建设部令第37号）第十二条：对于超过一定规模的危大工程，施工单位应当组织召开专家论证会对专项施工方案进行论证。实行施工总承包的，由施工总承包单位组织召开专家论证会。专家论证前专项施工方案应当通过施工单位审核和总监理工程师审查
2	施工方案	工具式模板工程（包括滑模、爬模、飞模、隧道模等工程）未编制专项施工方案	坍塌	二级	按要求编制专项施工方案，进行方案和安全技术交底，并对方案执行情况开展检查	《危险性较大的分部分项工程安全管理规定》（中华人民共和国住房和城乡建设部令第37号）第十条：施工单位应当在危大工程施工前组织工程技术人员编制专项施工方案

续表

序号	风险源（点）	可能发生的事故类型	风险分级	主要防范措施（工程技术、管理、培训教育、个体防护、应急处置措施）	相 关 文 件
3	施工方案	混凝土模板支撑工程：搭设高度8m及以上，或搭设跨度18m及以上，或施工总荷载（设计值）15kN/m² 及以上，或集中线荷载（设计值）20kN/m² 及以上工程施工未编制专项方案或未进行专家论证	坍塌	一级	按要求编制专项施工方案，组织专家论证，进行方案和安全技术交底，并对方案执行情况开展检查	《危险性较大的分部分项工程安全管理规定》（中华人民共和国住房和城乡建设部令第37号）第十二条：对于超过一定规模的危大工程，施工单位应当组织召开专家论证会对专项施工方案进行论证。实行施工总承包的，由施工总承包单位组织召开专家论证会。专家论证前专项施工方案应当通过施工单位审核和总监理工程师审查
4	施工方案	混凝土模板支撑工程：搭设高度5m及以上，或搭设跨度10m及以上，或施工总荷载（设计值）10kN/m² 及以上，或集中线荷载（设计值）15kN/m² 及以上，或高度大于支撑水平投影宽度且相对独立无联系构件的混凝土模板工程施工未编制专项方案	坍塌	二级	按要求编制专项施工方案，进行方案和安全技术交底，并对方案执行情况开展检查	《危险性较大的分部分项工程安全管理规定》（中华人民共和国住房和城乡建设部令第37号）第十条：施工单位应当在危大工程施工前组织工程技术人员编制专项施工方案
5	施工方案	承重支撑体系：用于钢结构安装等满堂支撑体系，承受单点集中荷载700kg以上工程未编制专项方案或未进行专家论证	坍塌	一级	按要求编制专项施工方案，组织专家论证，进行方案和安全技术交底，并对方案执行情况开展检查	《危险性较大的分部分项工程安全管理规定》（中华人民共和国住房和城乡建设部令第37号）第十二条：对于超过一定规模的危大工程，施工单位应当组织召开专家论证会对专项施工方案进行论证。实行施工总承包的，由施工总承包单位组织召开专家论证会。专家论证前专项施工方案应当通过施工单位审核和总监理工程师审查

续表

序号	风险源（点）		可能发生的事故类型	风险分级	主要防范措施（工程技术、管理、培训教育、个体防护、应急处置措施）	相 关 文 件
6	施工方案	承重支撑体系：用于钢结构安装等满堂支撑体系工程未编制专项方案	坍塌	二级	按要求编制专项施工方案，进行方案和安全技术交底，并对方案执行情况开展检查	《危险性较大的分部分项工程安全管理规定》（中华人民共和国住房和城乡建设部令第37号）第十条：施工单位应当在危大工程施工前组织工程技术人员编制专项施工方案
7	材料配件	未按规定对搭设模板支撑体系的材料、构配件进行现场检验，扣件抽样复试，无架体配件进场验收记录、合格证及扣件抽件抽检复试报告	坍塌	四级	按照规范、规程要求对材料、配件进场验收、复检，验收合格后方可使用	《建筑施工模板安全技术规范》（JGJ 162—2008）第8.0.3条：模板及配件进场应有出厂合格证或当年的检验报告，安装前应对所用部件（立柱、楞梁、吊环、扣件等）进行认真检查，不符合要求者不得使用。《建筑施工脚手架安全技术统一标准》（GB 51210—2016）第10.0.2条：脚手架工程应按下列规定进行质量控制：1. 对搭设脚手架的材料、构配件和设备应进行现场检验。《建筑施工脚手架安全技术统一标准》（GB 51210—2016）第10.0.3条：搭设脚手架的材料、构配件和设备应按进入施工现场的批次分品种、规格进行检验，检验合格后方可搭设施工，并应符合下列要求：1. 新产品应有产品质量合格证，工厂化生产的主要承力杆件进行现场检验、涉及结构安全的构件应具有型式检验报告；2. 材料、构配件和设备质量应符合本标准及国家现行相关标准的规定；

续表

序号	风险源（点）		可能发生的事故类型	风险分级	主要防范措施（工程技术、管理、培训教育、个体防护、应急处置措施）	相 关 文 件
7	材料配件	未按规定对搭设模板支撑体系的材料、构配件进行现场检验，扣件抽样复试，无架体配件进场验收记录、合格证及扣件抽件抽检复试报告	坍塌	四级	按照规范、规程要求对材料配件进场验收、复检，验收合格后方可使用	3. 按规定应进行施工现场抽样复验的构配件，应经抽样复验合格； 4. 周转使用的材料、构配件和设备，应经维修检验合格。 《建筑施工脚手架安全技术统一标准》（GB 51210—2016） 第10.0.4条：在对脚手架材料、构配件和设备进行现场检验时，应采用随机抽样的方法抽取样品进行外观检验、实量实测检验、功能测试检验。抽样比例应符合下列规定： 1. 按材料、构配件和设备的品种、规格应抽检1%~3%； 2. 安全锁扣、防坠装置、支座等重要构配件应全数检验； 3. 经过维修的材料、构配件抽检比例不应少于3%
8	支架基础	模板工程的地基基础承载力和变形不满足设计要求	坍塌	一级	对承载力及变形不满足设计要求的地基进行加固	《房屋市政工程生产安全重大事故隐患判定标准（2024版）》 设计文件
9	支架基础	立杆底部未按专项施工方案要求设置底座、垫板或混凝土垫层	坍塌	四级	按照规范、规程及专项施工方案要求设置底座、垫板或混凝土垫层	专项施工方案 《市政工程施工安全检查标准》（CJJ/T 275—2018） 第6.1.3条：立杆底部应按专项施工方案要求设置底座、垫板或混凝土垫层
10	支架基础	底座松动或立杆悬空	坍塌	四级	按照规范、规程及专项施工方案要求搭设，加强安全检查，底座不得松动或立杆悬空	专项施工方案 《市政工程施工安全检查标准》（CJJ/T 275—2018） 第6.1.3条：立杆和基础应接触紧密

续表

序号	风险源（点）		可能发生的事故类型	风险分级	主要防范措施（工程技术、管理、培训教育、个体防护、应急处置措施）	相 关 文 件
11	支架基础	支撑架设在既有结构上时，未对既有结构的承载力进行验算或需要加固时无加固措施	坍塌	三级	进行承载力验算，需加固时应采取加固措施	专项施工方案 《市政工程施工安全检查标准》（CJJ/T 275—2018） 第6.1.3条：当支撑架设在既有结构上时，应对既有结构的承载力进行验算，必要时应采取加固措施
12	支架基础	支架基础积水，未采取排水措施	坍塌	四级	采取排水措施，加强安全检查	专项施工方案 《市政工程施工安全检查标准》（CJJ/T 275—2018） 第6.1.3条：基础排水设施应完善，且排水应畅通
13	模板及支架安装	模板搭设支撑体系（支架立柱构造与安装）不符合要求	坍塌	三级	进行技术交底，按专项施工方案或技术规范要求进行搭设，加强安全检查	《建筑施工模板安全技术规范》（JGJ 162—2008） 第6.1.9条：支撑梁、板的支架立柱安装构造应符合下列规定： 1. 梁和板的立柱，纵横向间距应相等或成倍数。 2. 木立柱底部应设垫木，顶部应设支撑头。钢管立柱底部应设垫木和底座，顶部应设可调支托，U形支托与楞梁两侧间如有间隙，必须楔紧，其螺杆伸出钢管顶部不得大于200mm，螺杆外径与立柱钢管内径的间隙不得大于3mm，安装时应保证上下同心。

续表

序号	风险源（点）	可能发生的事故类型	风险分级	主要防范措施（工程技术、管理、培训教育、个体防护、应急处置措施）	相 关 文 件
13	模板及支架安装 模板搭设支撑体系（支架立柱构造与安装）不符合要求	坍塌	三级	进行技术交底，按专项施工方案或技术规范要求进行搭设，加强安全检查	3. 在立柱底距地面200mm高处，沿纵横水平方向应按纵下横上的程序设扫地杆。可调支托底部的立柱顶端应沿纵横向设置一道水平拉杆。扫地杆与顶部水平拉杆之间的间距，在满足模板设计所确定的水平拉杆步距要求条件下，进行平均分配确定步距后，在每一步距处纵横向应各设一道水平拉杆。当层高在8～20m时，在最顶步两水平拉杆中间应加设一道水平拉杆；当层高大于20m时，在最顶两步距水平拉杆中间应分别增加一道水平拉杆。所有水平拉杆的端部均应与四周建筑物顶紧顶牢。无处可顶时，应于水平拉杆端部和中部沿竖向设置连续式剪刀撑。 4. 木立柱的扫地杆、水平拉杆、剪刀撑应采用40mm×50mm木条或25mm×80mm的木板条与木立柱钉牢。钢管立柱的扫地杆、水平拉杆、剪刀撑应采用 ϕ48mm×3.5mm钢管，用扣件与钢管立柱扣牢。木扫地杆、水平拉杆、剪刀撑应采用搭接，并应用铁钉钉牢。钢管扫地杆、水平拉杆应采用对接，剪刀撑应采用搭接，搭接长度不得小于500mm，用两个旋转扣件分别在离杆端不小于100mm处进行固定

续表

序号	风险源（点）	可能发生的事故类型	风险分级	主要防范措施（工程技术、管理、培训教育、个体防护、应急处置措施）	相关文件
14	模板及支架安装	模板搭设支撑体系（支撑脚手架立杆、横杆、扫地杆、水平撑、剪刀撑）不符合要求	坍塌	三级	进行技术交底，按专项施工方案或技术规范要求进行搭设，加强安全检查	《建筑施工脚手架安全技术统一标准》（GB 51210—2016） 第8.3.1条：支撑脚手架的立杆间距和步距应按设计计算确定，且间距不宜大于1.5m，步距不应大于2.0m。 《建筑施工脚手架安全技术统一标准》（GB 51210—2016） 第8.3.4条：支撑脚手架应设置竖向剪刀撑，并应符合下列规定： 1. 安全等级为Ⅱ级的支撑脚手架应在架体周边、内部纵向和横向每隔不大于9m设置一道； 2. 安全等级为Ⅰ级的支撑脚手架应在架体周边、内部纵向和横向每隔不大于6m设置一道； 3. 竖向剪刀撑斜杆间的水平距离宜为6~9m，剪刀撑斜杆与水平面的倾角应为45°~60°。 《建筑施工脚手架安全技术统一标准》（GB 51210—2016） 第8.3.6条：支撑脚手架应设置水平剪刀撑，并应符合下列规定： 1. 安全等为Ⅱ级的支撑脚手架顶处设置一道水平剪刀撑； 2. 安全等级为Ⅰ级的支撑脚手架应在架顶、竖向每隔不大于8m各设置一道水平剪刀撑。 3. 每道水平剪刀撑应连续设置，剪刀撑的宽度宜为6~9m。 《建筑施工脚手架安全技术统一标准》（GB 51210—2016） 第8.3.9条：支撑脚手架的水平杆应按步距沿纵向和横向通长连续设置，不得缺失。在支撑脚手架底部应设置纵向和横向扫地杆，水平杆和扫地杆应与相邻立杆连接牢固

续表

序号	风险源（点）	可能发生的事故类型	风险分级	主要防范措施（工程技术、管理、培训教育、个体防护、应急处置措施）	相 关 文 件
15	模板及支架安装	模板搭设支撑体系（支撑脚手可调底座与可调托）不符合要求	坍塌	四级	进行技术交底，按专项施工方案或技术规范要求进行搭设，加强安全检查	《建筑施工脚手架安全技术统一标准》（GB 51210—2016）第8.3.13条：支撑脚手架的可调底座和可调托座插入立杆的长度不应小于150mm，其可调螺杆的外伸长度不宜大于300mm。当可调托座调节螺栓的外伸长度较大时，宜在水平方向设有限位措施，其可调螺杆的外伸长度应按计算确定
16	模板及支架安装	模板搭设支撑体系稳定性不符合要求	坍塌	四级	进行技术交底，按专项施工方案或技术规范要求进行搭设，加强安全检查	《建筑施工脚手架安全技术统一标准》（GB 51210—2016）第8.3.2条：支撑脚手架独立架体高宽比不应大于3.0。《建筑施工脚手架安全技术统一标准》（GB 51210—2016）第8.3.3条：当有既有建筑结构时，支撑脚手架应与既有建筑结构可靠连接，连接点至架体主节点的距离不宜大于300mm，应与水平杆同层设置，并应符合下列规定： 1. 连接点竖向间距不宜超过2步； 2. 连接点水平间距不宜大于8m。 《市政工程施工安全检查标准》（CJJ/T 275—2018）第6.1.3条：当支撑架高宽比超过国家现行相关标准要求时，应将架体与既有结构连接或采用增加架体宽度等加强措施

续表

序号	风险源（点）	可能发生的事故类型	风险分级	主要防范措施（工程技术、管理、培训教育、个体防护、应急处置措施）	相关文件
17	模板及支架安装 混凝土浇筑顺序未按方案执行	坍塌	二级	进行安全技术交底，按照专项方案要求顺序进行混凝土浇筑，开展安全检查	施工方案《建筑施工模板安全技术规范》（JGJ 162—2008）第5.1.2条：混凝土梁的施工应采用从跨中向两端对称进行分层浇筑，每层厚度不得大于400mm
18	施工荷载 模板支架承受的施工荷载超过设计值	坍塌	一级	进行技术交底，严格按照专项施工方案进行施工，施工荷载不得超过设计值，加强安全检查	《房屋市政工程生产安全重大事故隐患判定标准（2024版）》
19	模板作业 模板作业人员安全防护不符合要求	高处坠落	三级	进行安全技术交底，开展培训教育，采取安全防护措施，加强检查	《建筑施工模板安全技术规范》（JGJ 162—2008）第8.0.15条：严禁人员攀登模板、斜撑杆、拉条或绳索等，也不得在高处的墙顶、独立梁或在其模板上行走
20	模板作业 模板及构配件堆放不符合要求	坍塌、物体打击	三级	清除不符合要求的堆放物，进行技术交底，加强安全检查	《建筑施工模板安全技术规范》（JGJ 162—2008）第8.0.7条：作业时，模板和配件不得随意堆放，模板应放平放稳，严防滑落。脚手架或操作平台上临时堆放的模板不宜超过3层，连件应放在箱盒或工具袋中，不得散放在脚手板上。脚手架或操作平台上的施工总荷载不得超过其设计值
21	模板支架拆除 模板支架拆除及滑模、爬模爬升时，混凝土强度未达到设计或规范要求爬模、滑模和翻模施工脱模或混凝土承重模板拆除时，混凝土强度未达到规定值	坍塌	一级	进行技术交底，检查同条件混凝土试块强度，符合强度方可拆除，加强安全检查	《房屋市政工程生产安全重大事故隐患判定标准（2024版）》《水利工程建设项目生产安全重大事故隐患清单指南（2023年版）》

续表

序号	风险源（点）		可能发生的事故类型	风险分级	主要防范措施（工程技术、管理、培训教育、个体防护、应急处置措施）	相　关　文　件
22	模板支架拆除	拆除顺序不当	坍塌、物体打击	三级	进行技术交底，按专项施工方案或技术规范要求顺序拆除，开展安全检查	《建筑施工模板安全技术规范》（JGJ 162—2008）第 7.1.8 条：拆除的顺序和方法应按模板的设计规定进行。当设计无规定时，可采取先支的后拆、后支的先拆、先拆非承重模板、后拆承重模板，并应从上而下进行拆除。拆下的模板不得抛扔，应按指定地点堆放
23	模板支架拆除	拆除区域无警示线或无监护人	物体打击	三级	设警示线、专人监护，进行安全技术交底，加强安全检查	《建筑施工模板安全技术规范》（JGJ 162—2008）第 7.1.7 条：模板的拆除工作应设专人指挥。作业区应设围栏，其内不得有其他工种作业，并应设专人负责监护。拆下的模板、零配件严禁抛掷
24	模板支架拆除	留有未拆除的悬空模板	物体打击	三级	立即清除悬空物，进行安全技术交底，加强安全检查	《建筑施工模板安全技术规范》（JGJ 162—2008）第 7.1.12 条：拆模如遇中途停歇，应将已拆松动、悬空、浮吊的模板或支架进行临时支撑牢固或相互连接稳定。对活动部件必须一次拆除

4.4 高处作业

高处作业工程施工安全风险管控清单（表 4-4）的制定参考了《建筑施工安全检查标准》（JGJ 59—2011）、《建筑施工作业劳动防护用品配备及使用标准》（JGJ 184—2009）、《建筑施工高处作业安全技术规范》（JGJ 80—2016）、《高空作业车》（GB/T 9465—2018.）、《建筑与市政施工现场安全卫生与职业健康通用规范》（GB 55034—2022）、《房屋市政工程生产安全重大事故隐患判定标准（2024 版）》、《水利工程建设项目生产安全重大事故隐患清单指南（2023 年版）》。

表 4-4　　高处作业工程施工安全风险管控清单

序号	风险源（点）	可能发生的事故类型	风险分级	主要防范措施（工程技术、管理、培训教育、个体防护、应急处置措施）	相关文件
1	三宝安全带、安全帽、安全网材质不符合要求	高处坠落、物体打击	三级	清退不符合要求的劳动防护用品，组织新进劳动防护用品进场验收，验收合格后方可使用	《安全帽》（GB 2811—2019）产品标准 《安全带》（GB 6095—2021）产品标准 《安全网》（GB 5725—2009）产品标准 《建筑施工作业劳动防护用品配备及使用标准》（JGJ 184—2009） 第 4.0.1 条：建筑施工企业应选定劳动防护用品的合格供货方，为作业人员配备的劳动防护用品必须符合国家相关标准，应具备生产许可证、产品合格证等相关资料。经本单位安全生产管理部门审查合格后方可使用。建筑施工企业不得采购和使用无厂家名称、无产品合格证、无安全标志的劳动防护用品
2	三宝未按要求配备或不能正确使用安全带、安全帽	高处坠落、物体打击	三级	对作业人员进行培训教育、安全技术交底，加强安全检查	《建筑施工作业劳动防护用品配备及使用标准》（JGJ 184—2009） 第 4.0.4 条：建筑施工企业应教育从业人员按照劳动防护用品使用规定和防护要求，正确使用劳动防护用品。 《建筑与市政施工现场安全卫生与职业健康通用规范》（GB 55034—2022） 第 3.2.1 条：在坠落高度基准面上方 2m 及以上进行高空或高处作业时，应设置安全防护设施并采取防滑措施，高处作业人员应正确佩戴安全帽、安全带等劳动防护用品

续表

序号	风险源（点）		可能发生的事故类型	风险分级	主要防范措施（工程技术、管理、培训教育、个体防护、应急处置措施）	相 关 文 件
3	三宝	安全带、安全帽过期未进行检验	高处坠落、物体打击	四级	进行安全技术交底，开展检查，定期检验	《建筑施工作业劳动防护用品配备及使用标准》（JGJ 184—2009） 第4.0.2条：劳动防护用品的使用年限应按国家现行相关标准执行。劳动防护用品达到使用年限或报废的应由建筑施工企业统一收回报废，并为作业人员配备新的劳动防护用品。劳动防护用品有定期检测要求的应按照其产品的检测周期进行检测
4	临边防护	工作面无临边防护或防护不严	高处坠落、物体打击	三级	增设或改进符合要求的临边防护，加强安全检查	《建筑施工安全检查标准》（JGJ 59—2011） 第3.13.3条：作业面边沿应设置连续的临边防护设施。 《建筑施工高处作业安全技术规范》（JGJ 80—2016） 第4.1.1条：坠落高度基准面2m及上进行临边作业时，应在临空一侧设置防护栏杆，并应采用密目安全网或工具式栏板封闭。 《建筑与市政施工现场安全卫生与职业健康通用规范》（GB 55034—2022） 第3.2.1条：在坠落高度基准面上方2m及以上进行高空或高处作业时，应设置安全防护设施并采取防滑措施，高处作业人员应正确佩戴安全帽、安全带等劳动防护用品

续表

序号	风险源（点）	可能发生的事故类型	风险分级	主要防范措施（工程技术、管理、培训教育、个体防护、应急处置措施）	相 关 文 件
5	临边防护	临边防护设施的构造、强度不符合要求	高处坠落	四级	进行安全技术交底，对临边防护设施进行整改	《建筑施工高处作业安全技术规范》（JGJ 80—2016） 第4.3.1条：临边作业的防护栏杆应由横杆、立杆、及挡脚板组成，防护栏杆应符合下列规定：防护栏杆应为两道横杆，上杆距地面高度应为1.2m，下杆应在上杆和挡脚板中间设置；当防护栏杆高度大于1.2m时，应增设横杆，横杆间距不应大于600mm；防护栏杆立杆间距不应大于2m；挡脚板高度不应小于180mm。 《建筑施工高处作业安全技术规范》（JGJ 80—2016） 第4.3.2条：防护栏杆立杆底端应固定牢固，并应符合下列规定：当在土体固定时，应采用预埋或打入方式固定；当在混凝土楼面、地面、屋面或墙面固定时，应将预埋件与立杆连接牢固；当在砌体上固定时，应预先砌入相应规格含有预埋件的混凝土块，预埋件应与立杆连接。 《建筑施工高处作业安全技术规范》（JGJ 80—2016） 第4.3.3条：防护栏杆杆件的连接，应符合下列规定：当采用钢管作为防护栏杆杆件时，横杆及栏杆应采用脚手钢管，并应采用扣件、焊接、定型套管等方式进行连接固定；当采用其他材料作防护栏杆杆件时，应选用与钢管材质强度相当的材料，并应采用螺栓、销轴或焊接等方式进行连接固定。

续表

序号	风险源（点）		可能发生的事故类型	风险分级	主要防范措施（工程技术、管理、培训教育、个体防护、应急处置措施）	相 关 文 件
5	临边防护	临边防护设施的构造、强度不符合要求	高处坠落	四级	进行安全技术交底，对临边防护设施进行整改	《建筑施工高处作业安全技术规范》（JGJ 80—2016） 第4.3.4条：防护栏杆的立杆和横杆的设置、固定及连接，应确保防护栏杆在上下横杆和立杆任何部位处，均能承受任何方向1kN的外力作用。当栏杆所处位置有发生人群拥挤、物件碰撞等可能时，应加大横杆截面或加密立杆间距
6	通道洞口	通道（洞）口未采取防护措施	高处坠落、物体打击	三级	进行安全技术交底，采取防护措施，加强安全检查	《建筑施工高处作业安全技术规范》（JGJ 80—2016） 第4.2.1条：洞口作业时，应采取防坠措施，并应符合下列规定：当竖向洞口短边边长小于500mm时，应采取封堵措施；当垂直洞口短边边长大于等于500mm时，应在临空一侧设置高度不小于1.2m的防护栏杆，并应采用密目式安全网或工具式栏板封闭，设置挡脚板；当非竖向洞口短边边长为25～500mm时，应采用承载力满足使用要求的盖板覆盖，盖板四周搁置应均衡，且应防止盖板移位；当非竖向洞口短边边长为500～1500mm时，应采用盖板覆盖或防护栏杆等措施，并应固定牢固；当非竖向洞口短边边长大于或等于1500mm时，应在洞口作业侧设置高度不小于1.2m的防护栏杆，洞口应采用安全平网封闭。 第4.2.4条：洞口盖板应能承受不小于1kN的集中荷载和不小于2kN/m²的均布荷载，有特殊要求的盖板应另行设计。

续表

序号	风险源（点）		可能发生的事故类型	风险分级	主要防范措施（工程技术、管理、培训教育、个体防护、应急处置措施）	相 关 文 件
6	通道洞口	通道（洞）口未采取防护措施	高处坠落、物体打击	三级	进行安全技术交底，采取防护措施，加强安全检查	第4.2.5条：墙面等处落地的竖向洞口、窗台高度低于800mm的竖向洞口及框架结构在浇筑完混凝土未砌筑墙体时的洞口，应按临边防护要求设置防护栏杆。《建筑与市政施工现场安全卫生与职业健康通用规范》（GB 55034—2022）第3.2.3条：在建工程的预留洞口、通道口、楼梯口、电梯井口等孔洞以及无围护设施或围护设施高度低于1.2m的楼层周边、楼梯侧边、平台或阳台边、屋面周边、沟、坑、槽等沿边应采取安全防护措施，并严禁随意拆除
7	攀登作业	同一梯子两人同时作业，在通道处作业时无专人监护或采取防护措施。脚手架操作层架设梯子使用	高处坠落	三级	消除隐患，进行安全技术交底，开展教育培训，加强安全检查	《建筑施工高处作业安全技术规范》（JGJ 80—2016）第5.1.3条：同一梯子上不得两人同时作业，在通道处使用梯子作业时，应有专人监护或设置围栏。脚手架操作层上严禁架设梯子作业
8	攀登作业	便携式梯子使用不符合要求	高处坠落	三级	更换符合要求的梯子，进行安全技术交底，加强安全检查	《建筑施工高处作业安全技术规范》（JGJ 80—2016）第5.1.5条：使用单梯时梯面应与水平面呈75°夹角，踏步不得缺失，梯格间距宜为300mm，不得垫高使用。《建筑施工安全检查标准》（JGJ 59—2011）第3.13.3条：折梯使用时上部夹角宜为35°～45°，并应设有可靠的拉撑装置

续表

序号	风险源（点）		可能发生的事故类型	风险分级	主要防范措施（工程技术、管理、培训教育、个体防护、应急处置措施）	相 关 文 件
9	攀登作业	梯子材质及构造不符合要求	高处坠落	三级	更换符合要求的梯子，进行安全技术交底，加强安全检查	《建筑施工高处作业安全技术规范》（JGJ 80—2016） 第5.1.4条：便携式梯子宜采用金属材料或木材制作，并应符合现行国家标准《便携式金属梯安全要求》（GB 12142—2007）和《便携式木梯安全要求》（GB 7059—2007）的规定。 第5.1.7条：固定式直梯应采用金属材料制作，并应符合现行国家标准《固定式钢筋梯及平台安全要求 第1部分：钢直梯》（GB 4053.1—2009）的规定：梯子净宽应为400~600mm，固定直梯的支撑应采用不小于L70×6的角钢，埋设与焊接应牢固。直梯顶端的踏步应与攀登顶面齐平，并应加设1.1~1.5m高的扶手。 第5.1.8条：使用固定直梯攀登作业时，当攀登高度超过3m时，宜加设护笼；当攀登高度超过8m时，应设置梯间平台
10	攀登作业	钢结构安装时，坠落高度超过2m未设置操作平台	高处坠落	三级	按要求设置操作平台，进行安全技术交底，加强安全检查	《建筑施工高处作业安全技术规范》（JGJ 80—2016） 第5.1.9条：钢结构安装时，应使用梯子或其他登高设施攀登作业。坠落高度超过2m时，应设置操作平台
11	攀登作业	钢结构屋架安装未设置扶梯、操作平台、安全绳	高处坠落	三级	按要求设置扶梯、操作平台、安全绳，进行安全技术交底，加强安全检查	《建筑施工高处作业安全技术规范》（JGJ 80—2016） 第5.1.10条：当安装屋架时，应在屋脊处设置扶梯。扶梯踏步间距不应大于400mm。屋架杆件安装时搭设的操作平台，应设置防护栏杆或使用作业人员拴挂安全带的安全绳

续表

序号	风险源（点）	可能发生的事故类型	风险分级	主要防范措施（工程技术、管理、培训教育、个体防护、应急处置措施）	相关文件
12	攀登作业	深基坑施工未设置扶梯、入坑踏步、专用载人设备或斜道等设施	高处坠落	四级	按要求设置扶梯、入坑踏步、专用载人设备或斜道等设施，进行安全技术交底，加强安全检查	《建筑施工高处作业安全技术规范》（JGJ 80—2016）第5.1.11条：深基坑施工应设置扶梯、入坑踏步及专用载人设备或斜道等设施。采用斜道时，应加设间距不大于400mm的防滑措施。作业人员严禁沿坑壁、支撑或乘运土工具上下
13	悬空作业	悬空作业未设置防护栏杆	高处坠落	三级	按要求设置防护栏杆，进行安全技术交底，加强安全检查	《建筑施工安全检查标准》（JGJ 59—2011）第3.13.3条：悬空作业处应设置防护栏杆或采取其他可靠的安全措施
14	悬空作业	悬空作业人员未系挂安全带、未佩戴工具袋	高处坠落、物体打击	四级	正确佩戴劳动防护用品，进行安全技术交底，加强安全检查	《建筑施工安全检查标准》（JGJ 59—2011）第3.13.3条：悬空作业人员应系挂安全带、佩戴工具袋
15	悬空作业	悬空作业使用的索具、吊具不合格	高处坠落	四级	清退不符合要求的索具、吊具，重新配置满足要求的索具、吊具，加强安全检查	《建筑施工安全检查标准》（JGJ 59—2011）第3.13.3条：悬空作业所使用的索具、吊具等应经验收，合格后方可使用
16	悬空作业	在未固定、无防护设施的构件或管道上作业或通行	高处坠落	三级	进行安全技术交底，遵守安全操作规程，采取防护措施，加强安全检查	《建筑施工高处作业安全技术规范》（JGJ 80—2016）第5.2.3条：严禁在在未固定、无防护设施的构件及管道上进行作业或通行

续表

序号	风险源（点）		可能发生的事故类型	风险分级	主要防范措施（工程技术、管理、培训教育、个体防护、应急处置措施）	相 关 文 件
17	悬空作业	通道搭设不符合要求	高处坠落	三级	进行安全技术交底，按施工方案或规范要求搭设通道	《建筑施工高处作业安全技术规范》（JGJ 80—2016） 第5.2.2条：钢结构安装施工宜在施工层搭设水平通道，水平通道两侧应设置防护栏杆；当利用钢梁作为水平通道时，应在钢梁一侧设置连续的安全绳，安全绳宜采用钢丝绳 第5.2.4条：当利用吊车梁等构件作为水平通道时，临空面的一侧应设置连续的栏杆等防护措施。当安全绳为钢索时，钢索的一端应采用花篮螺栓收紧；当安全绳为钢丝绳时，钢丝绳的自然下垂度不应大于绳长的1/20，并不应大于100mm
18	悬空作业	模板支撑体的搭设与拆除的悬空作业不符合规定	高处坠落、物体打击	三级	进行安全技术交底，按照专项施工方案进行拆除作业，加强安全检查	《建筑施工高处作业安全技术规范》（JGJ 80—2016） 第5.2.5条：模板支撑的搭设和拆卸应按规定程序进行，不得在上下同一垂直面上同时装拆模板。在坠落基准面2m及以上高处搭设与拆除模板及悬挑结构的模板时，应设置操作平台。在进行高处作业时应配置登高用具或搭设支架
19	悬空作业	钢筋工程施工悬空作业不符合规定要求	高处坠落	四级	进行安全技术交底，按照专项施工方案进行作业，加强安全检查	《建筑施工高处作业安全技术规范》（JGJ 80—2016） 第5.2.6条：绑扎立柱钢筋和墙钢筋，不得沿钢筋骨架攀登或站在骨架上作业；在坠落基准面2m及以上高处绑扎钢筋和进行预应力张拉时，应搭设操作平台
20	悬空作业	混凝土工程施工悬空作业不符合规定要求	高处坠落	四级	进行安全技术交底，按照专项施工方案进行作业，加强安全检查	《建筑施工高处作业安全技术规范》（JGJ 80—2016） 第5.2.7条：浇筑高度2m及以上的混凝土结构构件时，应设置脚手架或操作平台；悬挑的混凝土梁和檐、外墙和边柱等结构施工时，应设置脚手架和操作平台

续表

序号	风险源（点）	可能发生的事故类型	风险分级	主要防范措施（工程技术、管理、培训教育、个体防护、应急处置措施）	相 关 文 件
21	悬空作业	屋面作业不符合规定	高处坠落	三级	进行安全技术交底，按照专项施工方案进行作业，加强安全检查	《建筑施工高处作业安全技术规范》（JGJ 80—2016） 第5.2.8条：在坡度大于25度的屋面上作业，当无处脚手架时，应在屋檐边设置不低于1.5m高的防护栏杆，并应采用密目式安全立网全封闭；在轻质型材等屋面上作业，应搭设临时走道板，不得在轻质型材上行走；安装轻质型材板前，应采取在梁下支设安全平网或搭设脚手架等安全防护措施
22	悬空作业	外墙作业不符合规定	高处坠落	二级	进行安全技术交底，按照专项施工方案进行作业，加强安全检查	《建筑施工高处作业安全技术规范》（JGJ 80—2016） 第5.2.9条：门窗作业时，应有防坠落措施，操作人员在无安全防护措施时，不得站立在樘子、阳台栏板上作业；高处作业不得使用座板式单人吊具，不得使用自制吊篮
23	操作平台	操作平台未进行设计计算，未编制专项施工方案、未进行验收	坍塌	三级	编制专项施工方案、进行设计验算、验收，进行安全技术交底，加强安全检查	《建筑施工高处作业安全技术规范》（JGJ 80—2016） 第6.1.1条：操作平台应通过设计计算，并应编制专项方案
24	操作平台	移动式操作平台轮子连接不可靠或距地面超高，制动器或刹车失效	坍塌	四级	进行安全技术交底，按照产品说明书或技术规范要求进行整改，验收合格后方可继续使用	《建筑施工高处作业安全技术规范》（JGJ 80—2016） 第6.2.2条：移动式操作平台的轮子与平台架体连接应牢固，立柱底端离地面不得大于80mm，行走轮和导向轮应配有制动器或刹车闸等制动措施

续表

序号	风险源（点）		可能发生的事故类型	风险分级	主要防范措施（工程技术、管理、培训教育、个体防护、应急处置措施）	相 关 文 件
25	操作平台	操作平台组装不符合要求	坍塌	三级	按照操作平台设计文件或产品说明书进行组装，验收合格后方可使用	《建筑施工高处作业安全技术规范》（JGJ 80—2016） 第6.1.2条：操作平台的架体结构应采用钢管、型钢及其他等效性能材料组装。 第6.2.1条：移动式操作平台面积不宜大于10m²，高度不宜大于5m，高宽比不应大于2∶1，施工荷载不应大于1.5kN/m²。第6.3.1条：落地式操作平台高度不应大于15m，高宽比不应大于3∶1；施工平台的施工荷载不应大于2.0kN/m²；当接料平台的施工荷载大于2.0kN/m²时，应进行专项设计。操作平台应与建筑物进行刚性连接或加设防倾措施，不得与脚手架连接；用脚手架搭设操作平台时，其立杆间距和步距等结构要求应符合国家现行相关脚手架规范的规定；应在立杆下部设置底座或垫板、纵向与横向扫地地杆，并应在外立面设置剪刀撑或斜撑。操作平台应从底层第一步水平杆起逐层设置连墙件，且连墙件间隔不应大于4m，并应设置水平剪刀撑。连墙件应为可承受拉力和压力的构件，并应与建筑物结构可靠连接
26	操作平台	操作平台铺板不严密、固定不牢固	高处坠落、物体打击	四级	进行安全技术交底，按规范、规程要求采取加固措施，加强安全检查	《建筑施工高处作业安全技术规范》（JGJ 80—2016） 第6.1.2条：操作平台平台面应铺设钢、木或竹胶合板等材质的脚手板，应符合材质和承载的要求，并应平整满铺及可靠固定

续表

序号	风险源（点）	可能发生的事故类型	风险分级	主要防范措施（工程技术、管理、培训教育、个体防护、应急处置措施）	相 关 文 件
27	操作平台	操作平台四周未设置防护栏杆、上下扶梯	高处坠落	四级	进行安全技术交底，按规范、规程要求增设防护栏杆、扶梯，加强安全检查	《建筑施工高处作业安全技术规范》（JGJ 80—2016）第6.1.3条：操作平台的临边应设置防护栏杆，单独设置的操作平台应设置供人上下、踏步间距不大于400mm的扶梯。《建筑与市政施工现场安全卫生与职业健康通用规范》（GB 55034—2022）第3.2.5条：各类操作平台、载人装置应安全可靠，周边应设置临边防护，并应具有足够的强度、刚度和稳定性，施工作业荷载严禁超过其设计荷载
28	操作平台	操作平台未设置验收、限载、允许载人等标识牌	坍塌、物体打击	四级	进行安全技术交底，验收、设置限载标识牌，加强安全检查	《建筑施工高处作业安全技术规范》（JGJ 80—2016）第6.1.4条：应在操作平台明显位置设置标明允许负载值的限载牌及限定允许的作业人数，物料应进转运，不得超重、超高堆放
29	操作平台	移动式操作平台材质不合格	坍塌	三级	清退不符合要求的平台，按照平台设计文件或产品说明书要求搭设并组织进行进场验收，验收合格后方可使用	《建筑施工高处作业安全技术规范》（JGJ 80—2016）第6.3.6条：操作平台的钢管和扣件应有产品合格证
30	高空作业车	焊接部位出现裂纹、烧穿、焊渣、焊瘤、焊缝连续等影响结构安全的情况	高处坠落	三级	立即停止使用，退场或采取加固措施，组织验收，验收合格后方可使用	《高空作业车》（GB/T 9465—2018）第5.1.8条：外观、制造质量

续表

序号	风险源（点）		可能发生的事故类型	风险分级	主要防范措施（工程技术、管理、培训教育、个体防护、应急处置措施）	相关文件
31	高空作业车	设备铭牌未标注升降机升降速度、额定载荷、额定人数、升降高度等信息	高处坠落	四级	按产品说明书增加信息，组织验收	《高空作业车》（GB/T 9465—2018） 第8.1.1条：作业车应在明显部位固定产品标牌，标牌应包括（GB 7258—2017）中规定的项目及下列内容：最大作业高度，工作平台额定载荷。 第8.1.2条：作业车应设置符合（GB/T 33081—2016）的操作及安全警示标志
32	高空作业车	工作平台四周防护栏杆设置及人员进出口不符合要求	高处坠落	四级	进行安全技术交底，按产品说明完善防护措施及人员进出口	《高空作业车》（GB/T 9465—2018） 第5.6.2条：工作平台周围应有护栏或其他防护结构。 第5.6.3条：工作平台上边缘在任何方向承载600N的作用力时，工作平台应不倾翻。 第5.6.5条：防护装置中用于出入工作平台的任何可移动部件不得折叠或向外打开。 《建筑与市政施工现场安全卫生与职业健康通用规范》（GB 55034—2022） 第3.2.5条：各类操作平台、载人装置应安全可靠，周边应设置临边防护，并应具有足够的强度、刚度和稳定性，施工作业荷载严禁超过其设计荷载
33	高空作业车	电气系统不符合要求	触电	四级	立即停止使用，按产品说明书及规范要求进行整改，组织验收，验收合格后方可使用	《高空作业车》（GB/T 9465—2018） 第5.5条：电气设备应密封安装，非导线金属均应接地，导线穿过金属孔洞时应外套绝缘套管

续表

序号	风险源（点）		可能发生的事故类型	风险分级	主要防范措施（工程技术、管理、培训教育、个体防护、应急处置措施）	相关文件
34	高空作业车	升降机构不能稳定、正常工作	高处坠落	四级	立即停止使用，查明原因进行整改，组织验收，验收合格后方可使用	《高空作业车》（GB/T 9465—2018） 第5.8.1条：作业车的各机构应保证平台的起升、下降时动作平稳、准确，无爬行、振颤、冲击及驱动功率异常增大等现象
35	高空作业车	安全装置不齐全或失效	高处坠落、机械伤害	三级	立即停止使用，配齐有效、合格的安全装置，组织验收，验收符合要求后方可使用	《高空作业车》（GB/T 9465—2018） 第5.7.2条：对于用支腿进行调平的作业车，应有支腿和伸展机构互锁装置。在支腿展开调平并支撑可靠之前，臂架应不能伸展；在臂架未收回到支承托架之前，下车支腿应不能收回。 第5.7.3条：作业车采用液压式支腿和伸展机构时，应设有防止液压管路发生故障时回缩的安全保护装置。 第5.7.4条：当两侧水平支腿允许部分或全缩回时，安全系统应自动将臂架的动作限制在安全范围内。 第5.7.5条：臂架在伸展过程中，当任一支腿出现不受力情况时，应有声音报警或声、光报警信号。 第5.7.7条：作业车应装有车架倾斜指示装置。指示装置应设置防止意外更改及损坏的保护装置。 第5.7.9条：无支腿可行走作业的作业车，当达到倾斜极限时，工作平台上应有声、光报警信号。 第5.7.16条：作业车在达到额定载重量后，超过额定重量的120%时，应停止工作平台从静止位置上移动，并发出声光报警，只有移除超载的物品后，工作平台方可重新开始移动。

续表

序号	风险源（点）	可能发生的事故类型	风险分级	主要防范措施（工程技术、管理、培训教育、个体防护、应急处置措施）	相 关 文 件
35	高空作业车	安全装置不齐全或失效	高处坠落、机械伤害	三级	立即停止使用，配齐有效、合格的安全装置，组织验收，验收符合要求后方可使用	第5.7.18条：当作业平台受额定载荷限制时，应加装幅度控制系统。当实际幅度达到额定幅度的95%时，幅度控制系统宜发出报警。当实际幅度达到额定幅度的100%时，幅度控制系统应自动切断不安全方向（上升、幅度增大、臂架外伸或这些动作的组合）的动力源，但应允许机构向安全方面的运动
36	高空作业车	未配置通讯设备	高处坠落	四级	进行安全技术交底，配齐通讯设备	《高空作业车》（GB/T 9465—2018）第5.1.7条：最大作业高度大于或等于20m的作业车应备有上下联系的通讯设备
37	高空作业车	作业车作业时不稳定	高处坠落	二级	立即停止作业，进行安全技术交底，采取改进措施	《高空作业车》（GB/T 9465—2018）第5.2.1条：在坚固的水平地面上；外伸支腿支撑作业车，平台承载1.5倍的额定荷载，升降机构伸展到整车处于稳定性最不利的状态时作业车应稳定。第5.2.2条：平台承载1.25倍的额定载荷；整车置于易倾翻方向坡度为5度的斜面上；允许外伸支腿调整的斜面上应稳定。第5.2.3条：作业车在坚固的水平地面上，支腿外伸，平台承载额定荷载，伸展机构伸展到整车稳定性最不利状态紧急制动，任一个支腿不应离地
38	高空作业车	未按要求配备风速测量仪	高处坠落	四级	进行安全技术交底，配备风速测量仪	《高空作业车》（GB/T 9465—2018）第5.7.14条：最大作业高度大于30m的作业车，工作平台上应设风速测量仪。风速测量仪应设置在工作平台迎风处，当风速超过制造商规定的要求时，应有声光报警信号，报警声不应小于90dB(A)

续表

序号	风险源（点）	可能发生的事故类型	风险分级	主要防范措施（工程技术、管理、培训教育、个体防护、应急处置措施）	相关文件
39	安全防护	作业时，作业车周围未设警示标志、未封闭管理	物体打击	四级	设置警示标志，封闭管理，加强安全检查	《市政工程施工安全检查标准》（CJJ/T 275—2018）第3.1.3条：施工现场入口及主要施工区域、危险部位应设置安全警示标志牌，并应根据工程部位和施工现场的变化进行调整
40	安全防护	排架、井架、施工电梯、大坝廊道、隧洞等出入口和上部有施工作业的通道，未按规定设置防护棚	高处坠落、物体打击	一级	暂停施工，设置防护棚，加强安全检查	《水利工程建设项目生产安全重大事故隐患清单指南（2023年版）》
41	其他	钢结构、网架安装用支撑结构地基基础承载力和变形不满足设计要求，钢结构、网架安装用支撑结构未按设计要求设置防倾覆装置	坍塌	一级	暂停施工，按要求进行地基处理，设置防倾覆装置，加强安全检查	《房屋市政工程生产安全重大事故隐患判定标准（2024版）》
42	其他	单榀钢桁架（屋架）安装时未采取防失稳措施	坍塌	一级	暂停施工，进行安全技术交底，采取防失稳措施，加强安全检查	《房屋市政工程生产安全重大事故隐患判定标准（2024版）》
43	其他	悬挑式操作平台的搁置点、拉结点、支撑点未设置在稳定的主体结构上，且未做可靠连接	坍塌	一级	暂停施工，进行安全技术交底，搁置点、拉结点、支撑点设置在稳定的主体结构上，且做可靠连接	《房屋市政工程生产安全重大事故隐患判定标准（2024版）》

4.5 有限空间作业

有限空间作业施工安全风险清单（表 4-5）的制定参考了《房屋市政工程生产安全重大事故隐患判定标准（2024 版）》、《工贸企业有限空间作业安全规定》（中华人民共和国应急管理部令第 13 号）、《建筑与市政施工现场安全卫生与职业健康通用规范》（GB 55034—2022）、《深圳市水务工程暗涵、暗渠等有限空间安全施工作业指引（试行）》（深水污治办〔2019〕71 号）、《市政工程施工安全检查标准》（CJJ/T 275—2018）。

表 4-5　　　　　　有限空间作业施工安全风险清单

序号	风险源（点）		可能发生的事故类型	风险分级	主要防范措施（工程技术、管理、培训教育、个体防护、应急处置措施）	相关文件
1	方案及作业审批	有限空间作业未履行"作业审批制度"	中毒、窒息、淹溺、爆炸	一级	暂停施工，按照规定进行作业审批，严格落实作业程序	《房屋市政工程生产安全重大事故隐患判定标准（2024 版）》 《工贸企业有限空间作业安全规定》（中华人民共和国应急管理部令第 13 号） 第四条：工贸企业主要负责人是有限空间作业安全第一责任人，应当组织制定有限空间作业安全管理制度，明确有限空间作业审批人、监护人员、作业人员的职责，以及安全培训、作业审批、防护用品、应急救援装备、操作规程和应急处置等方面的要求。 第七条：工贸企业应当根据有限空间作业安全风险大小，明确审批要求。对于存在硫化氢、一氧化碳、二氧化碳等中毒和窒息等风险的有限空间作业，应当由工贸企业主要负责人或者其书面委托的人员进行审批，委托进行审批的，相关责任仍由工贸企业主要负责人承担。未经工贸企业确定的作业审批人批准，不得实施有限空间作业。

续表

序号	风险源（点）		可能发生的事故类型	风险分级	主要防范措施（工程技术、管理、培训教育、个体防护、应急处置措施）	相 关 文 件
1	方案及作业审批	有限空间作业未履行"作业审批制度"	中毒、窒息、淹溺、爆炸	一级	暂停施工，按照规定进行作业审批，严格落实作业程序	《深圳市水务工程暗涵、暗渠等有限空间安全施工作业指引（试行）》（深水污治办〔2019〕71号）第九条：暗涵、暗渠等有限空间作业程序：7.作业审批（1）暗涵、暗渠作业应履行申报审批手续，填写"进入暗涵、暗渠作业安全审批表"，施工单位应对作业人员资格、安全防护措施等内容进行检查，符合要求后并经该暗涵、暗渠作业部位现场负责人、专职安全员和项目经理审核、批准后，方可进入作业，监理人员应对作业审批情况进行检查。（2）暗涵、暗渠作业期间，严禁同时进行各类与该场所相关的交叉作业，当停工后复工或作业环境、工艺条件改变时，应重新办理"安全审批表"的审批手续，经批准后方可作业
2	方案及作业审批	未对有限空间作业进行辨识，建立台账	中毒、窒息、淹溺、爆炸	二级	按照规定对有限空间作业进行辨识，建立台账，加强检查	《工贸企业有限空间作业安全规定》（中华人民共和国应急管理部令第13号）第六条：工贸企业应当对有限空间进行辨识，建立有限空间管理台账，明确有限空间数量、位置以及危险因素等信息，并及时更新。鼓励工贸企业采用信息化、数字化和智能化技术，提升有限空间作业安全风险管控水平

续表

序号	风险源（点）		可能发生的事故类型	风险分级	主要防范措施（工程技术、管理、培训教育、个体防护、应急处置措施）	相 关 文 件
3	教育培训及交底	未对施工人员进行专项安全教育培训	中毒、窒息、淹溺、爆炸	一级	暂停施工，按照规定进行作业培训教育，加强检查	《房屋市政工程生产安全重大事故隐患判定标准（2024版）》 《工贸企业有限空间作业安全规定》（中华人民共和国应急管理部令第13号） 第九条：工贸企业应当每年至少组织一次有限空间作业专题安全培训，对作业审批人、监护人员、作业人员和应急救援人员培训有限空间作业安全知识和技能，并如实记录。未经培训合格不得参与有限空间作业。 《深圳市水务工程暗涵、暗渠等有限空间安全施工作业指引（试行）》（深水污治办〔2019〕71号） 第九条：暗涵、暗渠等有限空间作业程序： 1. 作业准备 （1）作业前，施工单位应编制暗涵、暗渠作业安全专项施工方案、应急救援预案、防洪度汛方案等，按规定批准后实施。施工单位应依据经批准的方案对进入暗涵、暗渠作业人员进行安全教育培训、安全技术交底，明确作业任务、作业程序、作业分工、作业中可能存在的危险因素及应采取的防护措施等
4	教育培训及交底	未明确人作业负责人、监护人员及职责，未进行安全技术交底	中毒、窒息、淹溺、爆炸	二级	明确作业负责人及职责，按照规定进行安全技术交底，加强安全检查	《工贸企业有限空间作业安全规定》（中华人民共和国应急管理部令第13号） 第九条：工贸企业应当按照有限空间作业方案，明确作业现场负责人、监护人员、作业人员及其安全职责。

续表

序号	风险源（点）		可能发生的事故类型	风险分级	主要防范措施（工程技术、管理、培训教育、个体防护、应急处置措施）	相关文件
4	教育培训及交底	未明确人作业负责人、监护人员及职责，未进行安全技术交底	中毒、窒息、淹溺、爆炸	二级	明确作业负责人及职责，按照规定进行安全技术交底，加强安全检查	第十四条：有限空间作业应当严格遵守"先通风、再检测、后作业"要求。存在爆炸风险的，应当采取消除或者控制措施，相关电气设施设备、照明灯具、应急救援装备等应当符合防爆安全要求。作业前，应当组织对作业人员进行安全交底，监护人员应当对通风、检测和必要的隔断、清除、置换等风险管控措施逐项进行检查，确认防护用品能够正常使用且作业现场配备必要的应急救援装备，确保各项作业条件符合安全要求。有专业救援队伍的工贸企业，应急救援人员应当做好应急救援准备，确保及时有效处置突发情况
5	通风及气体监测	未执行"先通风、再检测、后作业"原则	中毒、窒息	一级	暂停施工，严格落实作业程序，进行安全技术交底，加强安全检查	《房屋市政工程生产安全重大事故隐患判定标准（2024版）》《工贸企业有限空间作业安全规定》（中华人民共和国应急管理部令第13号）第十四条：有限空间作业应当严格遵守"先通风、再检测、后作业"要求。存在爆炸风险的，应当采取消除或者控制措施，相关电气设施设备、照明灯具、应急救援装备等应当符合防爆安全要求。作业前，应当组织对作业人员进行安全交底，监护人员应当对通风、检测和必要的隔断、清除、置换等风险管控措施逐项进行检查，确认防护用品能够正常使用且作业现场配备必要的应急救援装备，确保各项作业条件符合安全要求。有专业救援队伍的工贸企业，应急救援人员应当做好应急救援准备，确保及时有效处置突发情况。

续表

序号	风险源（点）		可能发生的事故类型	风险分级	主要防范措施（工程技术、管理、培训教育、个体防护、应急处置措施）	相 关 文 件
5	通风及气体监测	未执行"先通风、再检测、后作业"原则	中毒、窒息	一级	暂停施工，严格落实作业程序，进行安全技术交底，加强安全检查	《建筑与市政施工现场安全卫生与职业健康通用规范》（GB 55034—2022） 第3.9.3条：受限或密闭空间作业前，应按照氧气、可燃气体、有毒有害气体的顺序进行气体检测。当气体浓度超过安全允许值时，严禁作业
6	通风及气体监测	未对作业区持续通风和气体检测	中毒、窒息	二级	严格按照规范、规程及操作规程采取通风及气体检测，加强安全检查	《工贸企业有限空间作业安全规定》（中华人民共和国应急管理部令第13号） 第十五条：监护人员应当全程进行监护，与作业人员保持实时联络，不得离开作业现场或者进入有限空间参与作业。发现异常情况时，监护人员应当立即组织作业人员撤离现场。发生有限空间作业事故后，应当立即按照现场处置方案进行应急处置，组织科学施救。未做好安全措施盲目施救的，监护人员应当予以制止。作业过程中，工贸企业应当安排专人对作业区域持续进行通风和气体浓度检测。作业中断的，作业人员再次进入有限空间作业前，应当重新通风、气体检测合格后方可进入。 《深圳市水务工程暗涵、暗渠等有限空间安全施工作业指引（试行）》（深水污治办〔2019〕71号） 第十六条：防中毒和防窒息： 1. 暗涵、暗渠作业部位应采用连续机械通风，禁止采用纯氧通风换气。通风后暗涵、暗渠作业部位内的空气质量应符合国家标准的安全要求

续表

序号	风险源（点）	可能发生的事故类型	风险分级	主要防范措施（工程技术、管理、培训教育、个体防护、应急处置措施）	相 关 文 件
7	通风及气体监测	气体（氧气、有害气体、可燃气体）浓度及监测方式不符合要求	中毒、窒息、爆炸	二级	进行安全技术交底，不间断开展气体监测，加强安全检查	《工贸企业有限空间作业安全规定》（中华人民共和国应急管理部令第13号） 第十六条：在有限空间作业过程中，工贸企业应当对作业场所中的危险有害因素进行定时检测或者连续监测。作业中断超过30分钟，作业人员再次进入有限空间作业前，应当重新通风、检测合格后方可进入。 《深圳市水务工程暗涵、暗渠等有限空间安全施工作业指引（试行）》（深水污治办〔2019〕71号） 第十六条：防中毒和防窒息： 2. 暗涵、暗渠作业前，施工单位须进行气体检测，对有毒有害气体进行分析，检测氧气、可燃性气体、有毒有害气体浓度并如实记录，气体检测指标符合国家标准的安全要求后，方可进入。氧气含量应在19.5%以上，23.5%以下（常见有毒有害、易燃易爆气体浓度和爆炸范围见附件1）。气体检测的时间不得早于作业开始前30分钟，在作业过程中必须进行连续气体检测。 3. 在作业环境条件可能发生变化时，应对作业部位中危害因素进行连续检测。在未准确测定氧气浓度、有毒有害气体、可燃性气体等浓度前，严禁进入作业。 《建筑与市政施工现场安全卫生与职业健康通用规范》（GB 55034—2022） 第3.9.3条：受限或密闭空间作业前，应按照氧气、可燃气体、有毒有害气体的顺序进行气体检测。当气体浓度超过安全允许值时，严禁作业

续表

序号	风险源（点）		可能发生的事故类型	风险分级	主要防范措施（工程技术、管理、培训教育、个体防护、应急处置措施）	相 关 文 件
8	安全防护	未佩戴或正确佩戴防中毒、窒息防护用品	中毒、窒息	三级	进行安全技术交底，开展安全教育培训，正确佩戴劳动防护用品，加强安全检查	《工贸企业有限空间作业安全规定》（中华人民共和国应急管理部令第13号） 第十三条：工贸企业应当根据有限空间危险因素的特点，配备符合国家标准或者行业标准的气体检测报警仪器、机械通风设备、呼吸防护用品、全身式安全带等防护用品和应急救援装备，并对相关用品、装备进行经常性维护、保养和定期检测，确保能够正常使用。 《深圳市水务工程暗涵、暗渠等有限空间安全施工作业指引（试行）》（深水污治办〔2019〕71号） 第十六条：防中毒和防窒息： 6.暗涵、暗渠作业人员应使用隔离式防毒面具，不应使用过滤式防毒面具和半隔离式防毒面具以及氧气呼吸设备。防护设备必须按相关规定定期进行维护检查。严禁使用质量不合格的防毒和防护设备
9	安全防护	未佩戴安全带或正确佩戴安全带	高处坠落	三级	进行安全技术交底，开展安全教育培训，正确佩戴安全带，加强安全检查	《工贸企业有限空间作业安全规定》（中华人民共和国应急管理部令第13号） 第十三条：工贸企业应当根据有限空间危险因素的特点，配备符合国家标准或者行业标准的气体检测报警仪器、机械通风设备、呼吸防护用品、全身式安全带等防护用品和应急救援装备，并对相关用品、装备进行经常性维护、保养和定期检测，确保能够正常使用。

续表

序号	风险源（点）		可能发生的事故类型	风险分级	主要防范措施（工程技术、管理、培训教育、个体防护、应急处置措施）	相 关 文 件
9	安全防护	未佩戴安全带或正确佩戴安全带	高处坠落	三级	进行安全技术交底，开展安全教育培训，正确佩戴安全带，加强安全检查	《深圳市水务工程暗涵、暗渠等有限空间安全施工作业指引（试行）》（深水污治办〔2019〕71号） 第十六条：防中毒和防窒息： 7. 暗涵、暗渠作业人员必须使用悬挂双背带式安全带，安全带中包括安全绳，悬挂双背带式安全带配有背带、胸带和腿带，避免将作业人员拉伤，使用频繁的安全绳、安全带应经常进行外观检查，发现异常应立即更换
10	安全防护	未随身携带气体检测仪或气体检测仪失效	中毒、窒息	三级	进行安全技术交底，开展安全教育培训，随身携带气体检测仪并处于正常状态，加强安全检查	《工贸企业有限空间作业安全规定》（中华人民共和国应急管理部令第13号） 第十三条：工贸企业应当根据有限空间危险因素的特点，配备符合国家标准或者行业标准的气体检测报警仪器、机械通风设备、呼吸防护用品、全身式安全带等防护用品和应急救援装备，并对相关用品、装备进行经常性维护、保养和定期检测，确保能够正常使用。 《深圳市水务工程暗涵、暗渠等有限空间安全施工作业指引（试行）》（深水污治办〔2019〕71号） 第十六条：防中毒和防窒息： 4. 气体检测设备必须按相关规定定期进行检定，检定合格后方可使用。 8. 进入暗涵、暗渠作业人员必须随身携带气体检测仪器，当通风设备停止运转、缺氧或检测仪器报警时，必须立即停止作业，作业人员应迅速撤离、清点人数

续表

序号	风险源（点）		可能发生的事故类型	风险分级	主要防范措施（工程技术、管理、培训教育、个体防护、应急处置措施）	相 关 文 件
11	安全防护	作业部位坑、井、沟、人孔、通道口未设置防护栏杆、警示标识	高处坠落	四级	设置防护栏杆、警示标识，加强安全检查	《工贸企业有限空间作业安全规定》（中华人民共和国应急管理部令第13号） 第十一条：工贸企业应当在有限空间出入口等醒目位置设置明显的安全警示标志，并在具备条件的场所设置安全风险告知牌。 《深圳市水务工程暗涵、暗渠等有限空间安全施工作业指引（试行）》（深水污治办〔2019〕71号） 第十九条：防高处坠落、防物体打击： 1. 施工单位严格按照《深圳市安全文明施工标准》做好暗涵、暗渠作业部位井口、洞口、出入口的围挡和临边防护，设置醒目的警示标志标识
12	安全防护	照明用电不符合要求	触电	四级	按照规范、规程搭设照明用电	《工贸企业有限空间作业安全规定》（中华人民共和国应急管理部令第13号） 第十四条：有限空间作业应当严格遵守"先通风、再检测、后作业"要求。存在爆炸风险的，应当采取消除或者控制措施，相关电气设施设备、照明灯具、应急救援装备等应当符合防爆安全要求。作业前，应当组织对作业人员进行安全交底，监护人员应当对通风、检测和必要的隔断、清除、置换等风险管控措施逐项进行检查，确认防护用品能够正常使用且作业现场配备必要的应急救援装备，确保各项作业条件符合安全要求。有专业救援队伍的工贸企业，应急救援人员应当做好应急救援准备，确保及时有效处置突发情况。

续表

序号	风险源（点）		可能发生的事故类型	风险分级	主要防范措施（工程技术、管理、培训教育、个体防护、应急处置措施）	相 关 文 件
12	安全防护	照明用电不符合要求	触电	四级	按照规范、规程搭设照明用电	《深圳市水务工程暗涵、暗渠等有限空间安全施工作业指引（试行）》（深水污治办〔2019〕71号） 第十七条：防触电暗涵、暗渠作业时所用的一切电气设备，必须符合有关用电安全技术操作规程。照明应使用安全矿灯或12伏以下的安全灯，使用超过安全电压的手持电动工具、水泵等设备，应按照《建筑与市政工程施工现场临时用电安全技术标准》（JGJ/T 46—2024）相关要求执行
13	安全防护	有可燃气体或可燃粉尘的作现场未使用防爆设备	火灾、爆炸	四级	按规定使用防爆设备	《工贸企业有限空间作业安全规定》（中华人民共和国应急管理部令第13号） 第十四条：有限空间作业应当严格遵守"先通风、再检测、后作业"要求。存在爆炸风险的，应当采取消除或者控制措施，相关电气设施设备、照明灯具、应急救援装备等应当符合防爆安全要求。作业前，应当组织对作业人员进行安全交底，监护人员应当对通风、检测和必要的隔断、清除、置换等风险管控措施逐项进行检查，确认防护用品能够正常使用且作业现场配备必要的应急救援装备，确保各项作业条件符合安全要求。有专业救援队伍的工贸企业，应急救援人员应当做好应急救援准备，确保及时有效处置突发情况。

续表

序号	风险源（点）		可能发生的事故类型	风险分级	主要防范措施（工程技术、管理、培训教育、个体防护、应急处置措施）	相 关 文 件
13	安全防护	有可燃气体或可燃粉尘的作现场未使用防爆设备	火灾、爆炸	四级	按规定使用防爆设备	《深圳市水务工程暗涵、暗渠等有限空间安全施工作业指引（试行）》（深水污治办〔2019〕71号） 第十八条：暗涵、暗渠作业部位有可燃性气体或可燃性粉尘存在时，所有的检测仪器、电动工具、照明灯具等，必须使用符合国家标准或行业标准要求的防爆型产品，配备足够的灭火器材
14	安全防护	手持电动工具用电不符合要求	触电	四级	先选用符合要求的手持电动工具	《市政工程施工安全检查标准》（CJJ/T 275—2018） 第3.5.3条： 3. 手持电动工具使用应符合下列规定： 2）Ⅰ类手持电动工具应单独设置保护零线，并应安装漏电保护装置
15	作业监护	无危险作业告知牌，无关作业人员进入作业现场	中毒、窒息	三级	设置危险作业告知牌，无关人员严禁进入作业现场，加强安全检查	《工贸企业有限空间作业安全规定》（中华人民共和国应急管理部令第13号） 第十一条：工贸企业应当在有限空间出入口等醒目位置设置明显的安全警示标志，并在具备条件的场所设置安全风险告知牌。 《深圳市水务工程暗涵、暗渠等有限空间安全施工作业指引（试行）》（深水污治办〔2019〕71号） 第九条：暗涵、暗渠等有限空间作业程序 2. 危害告知 在作业部位张贴危险告知牌，警示作业人员存在的危害因素，警告周围无关人员远离危险作业部位

续表

序号	风险源（点）		可能发生的事故类型	风险分级	主要防范措施（工程技术、管理、培训教育、个体防护、应急处置措施）	相 关 文 件
16	作业监护	有限空间作业时现场未有专人负责监护工作	中毒、窒息	一级	暂停施工，严格落实作业作业监护制度，进行安全技术交底，做好警示教育，加强安全检查	《房屋市政工程生产安全重大事故隐患判定标准（2024版）》 《工贸企业有限空间作业安全规定》（中华人民共和国应急管理部令第13号） 第十五条：监护人员应当全程进行监护，与作业人员保持实时联络，不得离开作业现场或者进入有限空间参与作业。发现异常情况时，监护人员应当立即组织作业人员撤离现场。发生有限空间作业事故后，应当立即按照现场处置方案进行应急处置，组织科学施救。未做好安全措施盲目施救的，监护人员应当予以制止。作业过程中，工贸企业应当安排专人对作业区域持续进行通风和气体浓度检测。作业中断的，作业人员再次进入有限空间作业前，应当重新通风、气体检测合格后方可进入
17	作业监护	作业监护少于2人，通讯不畅	中毒、窒息	三级	严格按要求配置作业监护人员，并保持通讯通畅，加强安全检查	《深圳市水务工程暗涵、暗渠等有限空间安全施工作业指引（试行）》（深水污治办〔2019〕71号） 第九条：暗涵、暗渠等有限空间作业程序 6.安全监护： （1）在暗涵、暗渠作业时，作业监护人员不得少于2人，由作业监护人员进行现场不间断监护工作，作业监护人员应与暗涵、暗渠内作业人员保持实时联络通讯。 （2）作业人员在进入暗涵、暗渠后，应首先向作业监护人员报告本次作业点最远位置距离最近出口正常通行所需的时间

续表

序号	风险源（点）		可能发生的事故类型	风险分级	主要防范措施（工程技术、管理、培训教育、个体防护、应急处置措施）	相关文件
18	应急设备及演练	作业现场未配备必要的气体检测仪、机械通风、呼吸防护及应急救援设施设备	中毒、窒息、高坠	一级	按要求配置合格的、满足数量的应急设备，并保持设备处于正常态，加强安全检查	《房屋市政工程生产安全重大事故隐患判定标准（2024版）》 《工贸企业有限空间作业安全规定》（中华人民共和国应急管理部令第13号） 第十三条：工贸企业应当根据有限空间危险因素的特点，配备符合国家标准或者行业标准的气体检测报警仪器、机械通风设备、呼吸防护用品、全身式安全带等防护用品和应急救援装备，并对相关用品、装备进行经常性维护、保养和定期检测，确保能够正常使用。 《深圳市水务工程暗涵、暗渠等有限空间安全施工作业指引（试行）》（深水污治办〔2019〕71号） 第二十二条：施工单位应在暗涵、暗渠作业部位配备充足的应急救援装备，包括便携式空气呼吸器、应急通讯器材、气体检测设备、大功率强制通风设备、应急照明设备、安全帽、安全带、救生索、救生圈、救生衣和安全梯、抽水设备等必要的器具和设备。施救人员及现场人员必须熟知救援环境、救援技能和方法。出入口内外不得有障碍物，保证其畅通无阻，便于人员出入和抢救疏散
19	应急设备及演练	未开展有限空间作业应急演练	中毒、窒息、淹溺、高坠	四级	按要求开展有限空间应急演练	《工贸企业有限空间作业安全规定》（中华人民共和国应急管理部令第13号） 第十条：工贸企业应当制定有限空间作业现场处置方案，按规定组织演练，并进行演练效果评估。

续表

序号	风险源（点）	可能发生的事故类型	风险分级	主要防范措施（工程技术、管理、培训教育、个体防护、应急处置措施）	相关文件
19	应急设备及演练	未开展有限空间作业应急演练	中毒、窒息、淹溺、高坠	四级	按要求开展有限空间应急演练	《深圳市水务工程暗涵、暗渠等有限空间安全施工作业指引（试行）》（深水污治办〔2019〕71号）第二十条：施工单位须在暗涵、暗渠作业前，制定暗涵、暗渠作业应急救援预案，并在作业前进行演练，在施工过程中应定期组织进行应急救援演练，施工单位安全管理人员、现场负责人、监护人员、作业人员和应急救援人员应当掌握相关应急预案内容，提高应急处置能力
20	其他	作业现场抽烟、动用明火，火种或可燃物落入有限空间	火灾、爆炸	三级	严格控制现场动火作业及现场抽烟等行为，进行安全技术交底，开展安全教育培训，加强安全检查	《深圳市水务工程暗涵、暗渠等有限空间安全施工作业指引（试行）》（深水污治办〔2019〕71号）第四条：暗涵、暗渠作业部位严禁吸烟，未经许可严禁动用明火。停止作业期间，施工单位应在暗涵、暗渠入口处设置"严禁入内"等警告牌，并采取措施防止人员误进

4.6 隧洞施工

隧洞施工安全风险管控清单（表4-6）的制定参考了《市政工程施工安全检查标准》（CJJ/T 275—2018）、《水利水电工程施工安全防护设施技术规范》（SL 714—2015）、《水利水电工程施工通用安全技术规程》（SL 398—2007）、《水利水电工程土建施工安全技术规程》（SL 399—2007）、《建筑与市政施工现场安全卫生与职业健康通用规范》（GB 55034—2022）、《盾构法隧道施工及验收规范》（GB 50446—2017）、《盾构法开仓及气压作业技术规范》（CJJ 217—2014）、《危险性较大的分部分项工程安全管理规定》（中华人民共和国住房和城乡建设部令第 37 号)、《房屋市政工程生产安全重大事故隐患判定标准（2024 版）》、《水利工程建设项目生产安全重大事故隐患清单指南（2023 年版）》、《中华人民共和国安全生产法》、《建设工程安全生产管理条例》。

表 4-6　　　　　　　　　隧洞施工安全风险管控清单

序号	风险源（点）		可能发生的事故类型	风险分级	主要防范措施（工程技术、管理、培训教育、个体防护、应急处置措施）	相 关 文 件
1	专项施工方案	隧洞施工未编制专项方案，未进行审核、审批，未进行专家论证	坍塌、高处坠落、爆炸、冒顶片帮、淹溺、触电	一级	按要求编制专项施工方案，组织专家论证，进行方案和安全技术交底，并对方案执行情况开展检查	《危险性较大的分部分项工程安全管理规定》（中华人民共和国住房和城乡建设部令第 37 号） 第十二条：对于超过一定规模的危大工程，施工单位应当组织召开专家论证会对专项施工方案进行论证。实行施工总承包的，由施工总承包单位组织召开专家论证会。专家论证前专项施工方案应当通过施工单位审核和总监理工程师审查。 《市政工程施工安全检查标准》（CJJ/T 275—2018） 第 7.1.2 条：矿山法隧洞保证项目的检查评定应符合下列规定： 1. 方案与交底应符合下列规定： 6）矿山法专项施工方案、爆破专项施工方案、超规模的非标准段支模体系专项施工方案，应组织专家论证。 《市政工程施工安全检查标准》（CJJ/T 275—2018） 第 7.2.3 条：盾构法隧道保证项目符合下列规定： 1. 方案与交底应符合下列规定： 4）盾构法隧道专项施工方案以及穿越既有设施、首次盾构开仓换刀、联络通道等工序的专项施工方案应组织专家论证

续表

序号	风险源（点）	可能发生的事故类型	风险分级	主要防范措施（工程技术、管理、培训教育、个体防护、应急处置措施）	相 关 文 件
2	专项施工方案	隧洞施工未编制专项方案	坍塌、高处坠落、爆炸、冒顶片帮、淹溺、触电	二级	按要求编制专项施工方案，进行方案和安全技术交底，并对方案执行情况开展检查	《危险性较大的分部分项工程安全管理规定》（中华人民共和国住房和城乡建设部令第37号） 第十条：施工单位应当在危大工程施工前组织工程技术人员编制专项施工方案。 《市政工程施工安全检查标准》（CJJ/T 275—2018） 第7.1.2条：矿山法隧洞保证项目的检查评定应符合下列规定： 1. 方案与交底应符合下列规定： 2）施工前应编制专项施工方案，并应对模板台车、作业架进行设计。 3）钻爆作业应编制爆破专项施工方案，进行爆破设计。 4）针对特殊地质地段，有毒气体层，穿越既有管线或结构物，降水、洞口、横通道、竖井或正洞连接线处，断面尺寸变化处，工程周边环境保护等特殊部位、工序，应制定专项施工方案或专项措施。 《市政工程施工安全检查标准》（CJJ/T 275—2018） 第7.2.3条：盾构法隧道保证项目符合下列规定： 1. 方案与交底应符合下列规定： 2）针对盾构机始发、接收、解体、调头、过站，端头加固，围护结构破除，负环及洞门管片拆除，穿越既有管线、铁路或轨道线、结构物，盾构开仓及换刀，联络通道等重要部位、工序，应制定专项施工方案

续表

序号	风险源（点）	可能发生的事故类型	风险分级	主要防范措施（工程技术、管理、培训教育、个体防护、应急处置措施）	相　关　文　件
3	专项施工方案	隧洞施工专项施工方案实施前未进行安全技术交底	坍塌、高处坠落、爆炸、冒顶片帮、淹溺、触电	三级	进行安全技术交底，加强对作业人员的抽查	《市政工程施工安全检查标准》（CJJ/T 275—2018） 第7.1.2条：矿山法隧洞保证项目的检查评定应符合下列规定： 1. 方案与交底应符合下列规定： 7) 专项施工方案实施前，应进行安全技术交底，并应有文字记录。 《市政工程施工安全检查标准》（CJJ/T 275—2018） 第7.2.3条：盾构法隧道保证项目符合下列规定： 1. 方案与交底应符合下列规定： 5) 专项施工方案实施前，应进行安全技术交底，并应有文字记录
4	专项施工方案	隧洞施工专项施工方案实施前安全技术交底无针对性、无文字记录	坍塌、高处坠落、爆炸、冒顶片帮、淹溺、触电	四级	按专项施工方案进行技术交底并留存相关记录，开展检查	《市政工程施工安全检查标准》（CJJ/T 275—2018） 第7.1.2条：矿山法隧洞保证项目的检查评定应符合下列规定： 1. 方案与交底应符合下列规定： 7) 专项施工方案实施前，应进行安全技术交底，并应有文字记录
5	洞口施工	隧洞洞口施工安全措施设置不合规	坍塌、物体打击	二级	按图施工，加固边坡，完善截排系统，定期开展检查	《市政工程施工安全检查标准》（CJJ/T 275—2018） 第7.1.2条：矿山法隧洞保证项目的检查评定应符合下列规定： 2. 洞口及交叉口工程施工应符合下列规定： 1) 洞口应按专项施工方案要求采取加固措施； 2) 洞口边坡和仰坡应按设计要求施工，并应按自上而下顺序进行，截排系统应完善。

续表

序号	风险源（点）	可能发生的事故类型	风险分级	主要防范措施（工程技术、管理、培训教育、个体防护、应急处置措施）	相关文件
5	洞口施工	隧洞洞口施工安全措施设置不合规	坍塌、物体打击	二级	按图施工，加固边坡，完善截排系统，定期开展检查	《水利水电工程施工安全防护设施技术规范》（SL 714—2015）第5.3.1条：隧洞洞口施工应符合以下要求：1. 有良好的排水措施。2. 应及时清理洞脸，及时锁口。在洞脸边坡外侧应设置挡渣墙或积石槽，或在洞口设置网或木构架防护棚，其顺洞轴方向伸出洞口外长度不得小于5m。3. 洞口以上边坡和两侧岩壁不完整时，应采用喷锚支护或混凝土永久支护等措施
6	洞口施工	仰坡有未处理的危石或存在未处理的滑坡不良地质	坍塌、高处坠落、物体打击	二级	清除危石、处理不良地质，加强安全检查	《市政工程施工安全检查标准》（CJJ/T 275—2018）第7.1.2条：矿山法隧洞保证项目的检查评定应符合下列规定：2. 洞口及交叉口工程施工应符合下列规定：1）洞口应按专项施工方案要求采取加固措施；2）洞口边坡和仰坡应按设计要求施工，并应按自上而下顺序进行，截排系统应完善
7	洞口施工	洞口安全防护设施不全或缺失，警示标志不齐全	高处坠落	四级	完善安全防护设施、警示标志，加强安全检查	《市政工程施工安全检查标准》（CJJ/T 275—2018）第7.1.2条：矿山法隧洞保证项目的检查评定应符合下列规定：2. 洞口及交叉口工程施工应符合下列规定：5）洞口邻近建（构）筑物时应按设计要求采取防护措施

续表

序号	风险源（点）		可能发生的事故类型	风险分级	主要防范措施（工程技术、管理、培训教育、个体防护、应急处置措施）	相　关　文　件
8	超前支护	未按设计要求及标准进行超前支护、加固或未对地下管线等工程周边环境进行保护	坍塌	二级	进行技术交底，按图施工，加固或保护地下管线，加强安全检查	《市政工程施工安全检查标准》（CJJ/T 275—2018）第7.1.2条：矿山法隧洞保证项目的检查评定应符合下列规定： 3. 地层超前支护加固应符合下列规定： 1) 超前支护、加固应符合设计要求，并应对地下管线等周边环境进行保护
9	超前支护	超前加固前掌子面未按设计要求封闭	坍塌	三级	进行技术交底，按图施工，加强安全检查	《市政工程施工安全检查标准》（CJJ/T 275—2018）第7.1.2条：矿山法隧洞保证项目的检查评定应符合下列规定： 3. 地层超前支护加固应符合下列规定： 2) 超前加固前，掌子面应按设计要求进行封闭
10	超前支护	大管棚或小导管的材质、规格、长度、间距、外插角等不符合设计和专项施工方案要求	坍塌	四级	进行技术交底，按图施工，加强安全检查	专项施工方案 《市政工程施工安全检查标准》（CJJ/T 275—2018）第7.1.2条：矿山法隧洞保证项目的检查评定应符合下列规定： 3. 地层超前支护加固应符合下列规定： 3) 超前支护的大管棚或小导管的材质、规格、长度、间距、外插角等应符合设计要求
11	超前支护	管棚、超前小导管或开挖面深孔等部位注浆参数不符合设计和专项施工方案要求，或开挖时浆体未达到设计规定强度	坍塌	二级	进行技术交底，按图纸、施工方案施工，加强安全检查	《市政工程施工安全检查标准》（CJJ/T 275—2018）第7.1.2条：矿山法隧洞保证项目的检查评定应符合下列规定： 3. 地层超前支护加固应符合下列规定： 4) 管棚、超前小导管或开挖面深孔等部位注浆参数应符合设计要求，注浆完成后，应在浆体强度达到设计要求后再进行开挖

续表

序号	风险源（点）	可能发生的事故类型	风险分级	主要防范措施（工程技术、管理、培训教育、个体防护、应急处置措施）	相 关 文 件
12	隧洞开挖	作业面带水施工未采取相关措施，或地下水控制措施失效且继续施工（地下水丰富地段隧洞施工作业面带水施工无相应措施或控制措施失效时继续施工）	坍塌、冒顶片帮、淹溺	一级	暂停施工，启动应急预案，消除隐患，经评估符合继续施工条件的方可继续施工	《房屋市政工程生产安全重大事故隐患判定标准（2024版）》《水利工程建设项目生产安全重大事故隐患清单指南（2023年版）》
13	隧洞开挖	施工时出现涌水、涌沙、局部坍塌，支护结构扭曲变形或出现裂缝，且有不断增大趋势，未及时采取措施	坍塌、冒顶片帮、淹溺	一级	暂停施工，启动应急预案，消除隐患，经评估符合继续施工条件的方可继续施工	《房屋市政工程生产安全重大事故隐患判定标准（2024版）》
14	隧洞开挖	未按规定要求进行超前地质预报和监控测量	坍塌、冒顶片帮、淹溺	一级	暂停施工，启动应急预案，消除隐患，经评估符合继续施工条件的方可继续施工	《水利工程建设项目生产安全重大事故隐患清单指南（2023年版）》《房屋市政工程生产安全重大事故隐患判定标准（2024版）》
15	隧洞开挖	勘察设计与实际地质条件严重不符时，未进行动态勘察设计	坍塌、冒顶片帮、淹溺	一级	暂停施工，启动应急预案，消除隐患，经评估符合继续施工条件的方可继续施工	《水利工程建设项目生产安全重大事故隐患清单指南（2023年版）》

续表

序号	风险源（点）	可能发生的事故类型	风险分级	主要防范措施（工程技术、管理、培训教育、个体防护、应急处置措施）	相关文件
16	隧洞开挖	矿山法施工仰拱一次开挖长度不符合方案要求、未及时封闭成环；矿山法施工仰拱、初期支护、二次衬砌与掌子面的距离不符合规范、设计或专项施工方案要求；矿山法施工未及时处理拱架背后脱空、二衬拱顶脱空问题	坍塌、冒顶片帮	一级	暂停施工，启动应急预案，消除隐患，经评估符合继续施工条件的方可继续施工	《水利工程建设项目生产安全重大事故隐患清单指南（2023年版）》
17	隧洞开挖	高瓦斯隧洞或瓦斯突出隧洞未按设计或方案进行揭煤防突，各开挖工作面未设置独立通风；高瓦斯或瓦斯突出的隧洞工程场所作业未使用防爆电器	中毒、窒息	一级	暂停施工，启动应急预案，消除隐患，经评估符合继续施工条件的方可继续施工	《水利工程建设项目生产安全重大事故隐患清单指南（2023年版）》
18	隧洞开挖	开挖方法、步序、进尺不符合设计要求或专项施工方案要求	坍塌	二级	进行技术交底，按图纸或专项施工方案施工，加强安全检查	《市政工程施工安全检查标准》（CJJ/T 275—2018）第7.1.2条：矿山法隧洞保证项目的检查评定应符合下列规定：4. 隧道开挖应符合下列规定：2）开挖应控制每循环进尺、相邻隧道作业面纵向间距，当围岩地质情况发生变化时，应及时调整开挖方法。

续表

序号	风险源（点）	可能发生的事故类型	风险分级	主要防范措施（工程技术、管理、培训教育、个体防护、应急处置措施）	相 关 文 件
18	隧洞开挖	开挖方法、步序、进尺不符合设计要求或专项施工方案要求	坍塌	二级	进行技术交底，按图纸或专项施工方案施工，加强安全检查	4）核心土留置、台阶长度、导洞间距应符合设计要求。 6）支护参数应根据地质变化及时进行调整。 《建筑与市政施工现场安全卫生与职业健康通用规范》（GB 55034—2022） 第3.7.1条：暗挖施工应合理规划开挖顺序，严禁超挖，并应根据围岩情况、施工方法及时采取有效支护，当发现支护变形超限或损坏时，应立即整修和加固
19	隧洞开挖	作业面周围支护不牢固，或有松动石块未及清理	坍塌、物体打击	三级	进行技术交底，按图施工，清理松动石块，加强安全检查	《市政工程施工安全检查标准》（CJJ/T 275—2018） 第7.1.2条：矿山法隧洞保证项目的检查评定应符合下列规定： 4. 隧道开挖应符合下列规定： 3）作业面周围应支护牢固，松动石块应及时清理
20	隧洞开挖	开挖过程中降水作业不符合专项施工方案要求	坍塌	四级	进行技术交底，按图纸或专项施工方案施工，加强安全检查	《市政工程施工安全检查标准》（CJJ/T 275—2018） 第7.1.2条：矿山法隧洞保证项目的检查评定应符合下列规定： 4. 隧道开挖应符合下列规定： 8）开挖过程中降水作业应按专项施工方案实施
21	隧洞开挖	不良地质地段掌子面暴露时间过长，或在长时间停工时示及时支护、封闭	坍塌	二级	进行技术交底，按图施工，及时支护、封闭，加强安全检查	《市政工程施工安全检查标准》（CJJ/T 275—2018） 第7.1.2条：矿山法隧洞保证项目的检查评定应符合下列规定： 4. 隧道开挖应符合下列规定： 5）不良地质地段掌子应及时支护、封闭

续表

序号	风险源（点）		可能发生的事故类型	风险分级	主要防范措施（工程技术、管理、培训教育、个体防护、应急处置措施）	相 关 文 件
22	爆破作业	无爆破设计或未按爆破设计作业；无统一的爆破信号和爆破指挥，起爆前未进行安全条件确认；爆破后未进行检查确认，或未排险立即施工	爆炸、坍塌、物体打击	一级	暂停施工，进行技术交底，消除隐患，经评估符合继续施工条件的方可继续施工	《水利工程建设项目生产安全重大事故隐患清单指南（2023年版）》《建筑与市政施工现场安全卫生与职业健康通用规范》（GB 55034—2022）第3.12.2条：爆破作业前应确定爆破警戒范围，并应采取相应的警戒措施。应在人员、机械、车辆全部撤离或者采取防护措施后方可起爆
23	爆破作业	爆破作业不符合设计文件或专项施工方案要求	爆炸、坍塌	二级	进行技术交底，按图纸或专项施工方案进行爆破作业，加强安全检查	《市政工程施工安全检查标准》（CJJ/T 275—2018）第7.1.2条：矿山法隧洞保证项目的检查评定应符合下列规定：5. 爆破作业应符合下列规定：1）爆破器材应有检验合格证、技术指标和说明书。2）爆破器材的存储、运输和处置应符合相关规定。3）起爆设备或检测仪表应定期标定。4）装药量应符合设计要求
24	爆破作业	爆破作业人员未遵守操作规程	爆炸、坍塌	二级	进行技术交底，开展安全教育培训，严格按照操作规程实施爆破作业，加强安全检查	《中华人民共和国安全生产法》第四十三条：生产经营单位进行爆破、吊装以及国务院应急管理部门会同国务院有关部门规定的其他危险作业，应当安排专门人员进行现场安全管理，确保操作规程的遵守和安全措施的落实。

续表

序号	风险源（点）	可能发生的事故类型	风险分级	主要防范措施（工程技术、管理、培训教育、个体防护、应急处置措施）	相 关 文 件
24	爆破作业	爆破作业人员未遵守操作规程	爆炸、坍塌	二级	进行技术交底，开展安全教育培训，严格按照操作规程实施爆破作业，加强安全检查	第四十四条：生产经营单位应当教育和督促从业人员严格执行本单位的安全生产规章制度和安全操作规程；并向从业人员如实告知作业场所和工作岗位存在的危险因素、防范措施以及事故应急措施。生产经营单位应当关注从业人员的身体、心理状况和行为习惯，加强对从业人员的心理疏导、精神慰藉，严格落实岗位安全生产责任，防范从业人员行为异常导致事故发生。《建设工程安全生产管理条例》（国务院令第393号）第三十三条：作业人员应当遵守安全施工的强制性标准、规章制度和操作规程，正确使用安全防护用具、机械设备等。《建筑与市政施工现场安全卫生与职业健康通用规范》（GB 55034—2022）第3.12.3条：爆破作业人员应按设计药量进行装药，网路敷设后应进行起爆网路检查，起爆信号发出后现场指挥应再次确认达到安全起爆条件，然后下令起爆。第3.12.4条：露天浅孔、深孔、特殊爆破实施后，应等待5min后方可准许人员进入爆破作业区检查；当无法确认有无盲炮时，应等待15min后方准许人员进入爆破作业区检查；地下工程爆破后，经通风除尘排烟确认井下空气合格后，应等待15min后方准许人员进入爆破作业区检查。

续表

序号	风险源（点）		可能发生的事故类型	风险分级	主要防范措施（工程技术、管理、培训教育、个体防护、应急处置措施）	相关文件
24	爆破作业	爆破作业人员未遵守操作规程	爆炸、坍塌	二级	进行技术交底，开展安全教育培训，严格按照操作规程实施爆破作业，加强安全检查	第3.12.5条：有下列条件之一时，严禁进行爆破作业： 1. 爆破可能导致不稳定边坡、滑坡崩塌等危险； 2. 爆破可能危及建（构）筑物、公共设施或人员安全； 3. 危险边界未设警戒的； 4. 恶劣天气条件下
25	爆破作业	爆破影响区安全警戒和防护不合规	物体打击	三级	设置安全警戒区，做好安全防护，加强安全检查	《民用爆炸物品安全管理条例》（国务院令第466号，2014年国务院令第653号修改） 第三十八：实施爆破作业，应当遵守国家有关标准和规范，在安全距离以外设置警示标志并安排警戒人员，防止无关人员进入；爆破作业结束后应当及时检查、排除未引爆的民用爆炸物品。 《建筑与市政施工现场安全卫生与职业健康通用规范》（GB 55034—2022） 第3.12.2条：爆破作业前应确定爆破警戒范围，并应采取相应的警戒措施。应在人员、机械、车辆全部撤离或者采取防护措施后方可起爆。 《水利水电工程施工通用安全技术规程》（SL 398—2007） 第8.4.3条：爆破工作开始前，应明确规定安全警戒线，制定统一的爆破时间和信号，并在指定地点设安全哨，执勤人员应有红色袖章、红旗和口笛。

续表

序号	风险源（点）	可能发生的事故类型	风险分级	主要防范措施（工程技术、管理、培训教育、个体防护、应急处置措施）	相关文件
25	爆破作业	爆破影响区安全警戒和防护不合规	物体打击	三级	设置安全警戒区，做好安全防护，加强安全检查	第8.5.5条：飞石爆破时，个别飞石对被保护对象的安全距离，不应小于表8.5.5-1及表8.5.5-2规定的数值。洞室爆破个别飞石的安全距离，不应小于表8.5.5-3的规定数值
26	爆破作业	工作面爆破后，未全面检查，找顶不净或在存在危石	爆炸、物体打击	三级	加强安全检查，及时清除危石	《市政工程施工安全检查标准》（CJJ/T 275—2018） 第7.1.2条：矿山法隧洞保证项目的检查评定应符合下列规定： 5. 爆破作业应符合下列规定： 5）工作面爆破后，应对爆破面进行检查，全面找顶，盲炮处理应符合有关安全规定
27	爆破作业	爆破时人员、设备与爆破点的距离不满足要求且未采取防护措施	爆炸、物体打击	二级	进行安全技术交底，按专项施工方案采取防护措施，加强安全检查	《市政工程施工安全检查标准》（CJJ/T 275—2018） 第7.1.2条：矿山法隧洞保证项目的检查评定应符合下列规定： 5. 爆破作业应符合下列规定： 7）爆破时人员、设备与爆破点的距离应大于爆破安全距离，不满足要求时，应有安全防护措施
28	洞内支护	未按设计要求及施工方案要求进行支护	坍塌	一级	进行技术交底，按图纸或专项施工方案施工，加强安全检查	《房屋市政工程生产安全重大事故隐患判定标准（2024版）》 《市政工程施工安全检查标准》（CJJ/T 275—2018） 第7.1.2条：矿山法隧洞保证项目的检查评定应符合下列规定： 6. 初期支护应符合下列规定： 1）型钢、钢格栅、混凝土、锚杆、钢筋网等支护材料的材质、规格应符合设计要求。

续表

序号	风险源（点）		可能发生的事故类型	风险分级	主要防范措施（工程技术、管理、培训教育、个体防护、应急处置措施）	相 关 文 件
28	洞内支护	未按设计要求及施工方案要求进行支护	坍塌	一级	进行技术交底，按图纸或专项施工方案施工，加强安全检查	2）钢架间距应符合设计要求，钢架与围岩之间应顶紧密贴。 3）钢架节段间接长应按设计要求连接。 4）钢架底脚基础应坚实、牢固、无悬空，不得有积水浸泡。 5）钢架之间应采用纵向钢筋连成整体，连接钢筋直径、间距应符合设计要求。 6）钢筋网的钢筋间距、搭接长度应符合设计要求，且应与锚杆连接牢固。 7）锚杆及锁脚锚管材质、规格、长度及花眼布设应符合设计要求，锚管应按设计要求注浆。 8）初期支护应按设计要求及时封闭处理。 10）初期支护应及时进行背后回填注浆。 《建筑与市政施工现场安全卫生与职业健康通用规范》（GB 55034—2022） 第3.7.1条：暗挖施工应合理规划开挖顺序，严禁超挖，并应根据围岩情况、施工方法及时采取有效支护，当发现支护变形超限或损坏时，应立即整修和加固
29	洞内支护	支护结构变形、损坏未及时处理	坍塌	三级	进行安全技术交底，按专项施工方案采取处理措施，加强安全检查	《市政工程施工安全检查标准》（CJJ/T 275—2018） 第7.1.2条：矿山法隧洞保证项目的检查评定应符合下列规定： 6.初期支护应符合下列规定： 9）支护结构变形、损坏应及时进行处理。

续表

序号	风险源（点）		可能发生的事故类型	风险分级	主要防范措施（工程技术、管理、培训教育、个体防护、应急处置措施）	相　关　文　件
29	洞内支护	支护结构变形、损坏未及时处理	坍塌	三级	进行安全技术交底，按专项施工方案采取处理措施，加强安全检查	《建筑与市政施工现场安全卫生与职业健康通用规范》（GB 55034—2022） 第3.7.1条：暗挖施工应合理规划开挖顺序，严禁超挖，并应根据围岩情况、施工方法及时采取有效支护，当发现支护变形超限或损坏时，应立即整修和加固
30	洞内支护	喷射混凝土厚度、强度不符合设计要求	坍塌	四级	开展检查，不符合设计要求时应按专项施工方案采取处理措施	《市政工程施工安全检查标准》（CJJ/T 275—2018） 第7.1.2条：矿山法隧洞保证项目的检查评定应符合下列规定： 6. 初期支护应符合下列规定： 12) 喷射混凝土厚度、强度应符合设计要求
31	盾构始发与接收	洞门未按设计要求进行加固或加固效果未达到要求且未采取措施即开始施工	淹溺、坍塌	一级	进行技术交底，按图施工	《房屋市政工程生产安全重大事故隐患判定标准（2024版）》 《市政工程施工安全检查标准》（CJJ/T 275—2018） 第7.2.3条：盾构法隧道保证项目的检查评定应符合下列规定： 3. 始发与接收应符合下列规定： 5) 盾构洞门应按设计要求制作洞圈和密封装置。 《盾构法隧道施工及验收规范》（GB 50446—2017） 第4.4.3条：盾构始发和接收工作井内设施应符合下列规定： 4. 洞门密封装置应满足盾构始发和接收密封要求。

续表

序号	风险源（点）		可能发生的事故类型	风险分级	主要防范措施（工程技术、管理、培训教育、个体防护、应急处置措施）	相 关 文 件
31	盾构始发与接收	洞门未按设计要求进行加固或加固效果未达到要求且未采取措施即开始施工	淹溺、坍塌	一级	进行技术交底，按图施工	第4.5.1条：工作井应符合下列规定： 6.洞门圈、密封及其他预埋件等应在盾构始发或接收前按要求完成安设，并应符合质量要求
32	盾构始发与接收	未对盾构机的姿态进行复核	其他伤害	四级	对盾构机的姿态进行复核，查看相关复核结果，满足条件后方可进行下一步作业	《市政工程施工安全检查标准》（CJJ/T 275—2018） 第7.2.3条：盾构法隧道保证项目的检查评定应符合下列规定： 3.始发与接收应符合下列规定： 6)始发与接收前应对盾构机姿态进行复核。 《盾构法隧道施工及验收规范》（GB 50446—2017） 第7.4.4条：始发掘进前，应对盾构姿态进行复核
33	盾构始发与接收	盾构始发或接收未对反力架和托架进行验算	坍塌、机械伤害	四级	按要求进行验算，查看相关验算成果，满足条件后方可进行下一步作业	《市政工程施工安全检查标准》（CJJ/T 275—2018） 第7.2.3条：盾构法隧道保证项目的检查评定应符合下列规定： 3.始发与接收应符合下列规定： 7)始发前应对反力架、托架受力进行验算，并应对反力架、托架进行安装质量及焊缝检测，确认合格。 《盾构法隧道施工及验收规范》（GB 50446—2017） 第7.4.3条：始发掘进前，反力架应进行安全验算

续表

序号	风险源（点）		可能发生的事故类型	风险分级	主要防范措施（工程技术、管理、培训教育、个体防护、应急处置措施）	相 关 文 件
34	盾构掘进施工	施工过程中未对掘进参数、注浆量、出土量等进行详细记录及分析、协调	坍塌	三级	按要求如实记录，查看相关记录成果，满足条件后方可进行下一步作业	《市政工程施工安全检查标准》（CJJ/T 275—2018） 第7.2.3条：盾构法隧道保证项目的检查评定应符合下列规定： 4. 掘进施工应符合下列规定： 3）施工过程中应对掘进参数、注浆量、出土量、豆砾石填充量等进行详细记录。 《建筑与市政施工现场安全卫生与职业健康通用规范》（GB 55034—2022） 第3.7.2条：盾构作业时，掘进速度应与地表控制的隆陷值、进出土量及同步注浆等相协调
35	盾构掘进施工	盾构机参数异常、姿态异常、地面超限异常未采取有效措施	坍塌	三级	加强安全检查，发现异常情况及时按方案采取措施，满足条件后方可进行下一步作业	《市政工程施工安全检查标准》（CJJ/T 275—2018） 第7.2.3条：盾构法隧道保证项目的检查评定应符合下列规定： 4. 掘进施工应符合下列规定： 2）出现掘进参数异常、姿态异常、地面沉降量超限等现象时，应及时采取有效措施。 《建筑与市政施工现场安全卫生与职业健康通用规范》（GB 55034—2022） 第3.7.3条：盾构掘进中遇有下列情况之一时，应停止掘进，分析原因并采取措施： 1. 盾构前方地层发生坍塌或遇有障碍； 2. 盾构自转角度超出允许范围； 3. 盾构位置偏离超出允许范围； 4. 盾构推力增大超出预计范围； 5. 管片防水、运输及注浆等过程发生故障

续表

序号	风险源（点）		可能发生的事故类型	风险分级	主要防范措施（工程技术、管理、培训教育、个体防护、应急处置措施）	相 关 文 件
36	盾构始发与接收	盾构施工盾尾密封失效仍冒险作业	淹溺	一级	暂停施工，启动应急预案，消除隐患，满足条件后方可进行下一步作业	《水利工程建设项目生产安全重大事故隐患清单指南（2023年版）》《房屋市政工程生产安全重大事故隐患判定标准（2024版）》
37	盾构掘进施工	管片吊运、拼装过程中连接不牢或无防滑脱装置	物体打击	三级	进行安全技术交底，按规范、规程开展吊装工作，过程加强安全检查	《市政工程施工安全检查标准》（CJJ/T 275—2018）第7.2.4条：盾构法隧道一般项目的检查应符合下列规定： 1. 管片堆放与拼装应符合下列规定： 5）管片吊运、拼装过程中应连接牢固，并应采取防滑脱装置
38	开仓作业	开仓前，未计算确定开挖仓内气压	窒息	二级	按规定计算开仓气压，查看相关记录，满足条件后方可进行下一步作业	《盾构法隧道施工及验收规范》（GB 50446—2017）第7.8.6条：气压作业前，开挖仓内气压必须通过计算和试验确定。《盾构法开仓及气压作业技术规范》（CJJ 217—2014）第5.1.3条：气压作业开仓前，应确认地层条件满足气体保压的要求，不得在无法保证压力的条件下实施气压作业。《建筑与市政施工现场安全卫生与职业健康通用规范》（GB 55034—2022）第3.13.2条：盾构气压作业前，应通过计算和试验确定开挖仓内气压，确保地层条件满足气体保压的要求
39	开仓作业	仓外作业人员进行危及仓内人员的违规操作	机械伤害	三级	进行安全技术交底，开展安全教育培训，加强安全检查	《盾构法开仓及气压作业技术规范》（CJJ 217—2014）第3.0.5条：严禁仓外作业人员进行转动刀盘、出渣、泥浆循环等危及仓内作业人员安全的操作

续表

序号	风险源（点）	可能发生的事故类型	风险分级	主要防范措施（工程技术、管理、培训教育、个体防护、应急处置措施）	相关文件
40	开仓作业	盾构施工未按规定带压开仓检查换刀	其他伤害	一级	暂停施工，启动应急预案，消除隐患，满足条件后方可进行下一步作业	《水利工程建设项目生产安全重大事故隐患清单指南（2023年版）》
41	特殊地段施工	大坡度地段施工不符合规定	车辆伤害、机械伤害	三级	进行技术交底，按规范、规程施工，加强安全检查	《盾构法隧道施工及验收规范》（GB 50446—2017） 第8.2.3条：大坡度地段施工应符合下列规定： 1. 当选择牵引机车时，应进行必要的计算，车辆应采取防溜车措施； 2. 上坡时，应加大盾构下半部分推力，对后配套设备应采取防脱滑措施； 3. 下坡时，应加强盾构姿态控制，可利用辅助液压缸等防止盾构栽头； 4. 壁后注浆宜采用收缩率小、早期强度高的注浆材料
42	特殊地段施工	地下管线与地下障碍物地段施工不符合规定	其他	三级	进行技术交底，按规范、规程施工，加强安全检查	《盾构法隧道施工及验收规范》（GB 50446—2017） 第8.2.4条：地下管线与地下障碍物地段施工应符合下列规定： 1. 应查明地下管线和障碍物的类型、位置、允许变形值等，并应制定专项施工方案； 2. 对受施工影响可能产生较大变形的管线，应根据具体情况进行保护； 3. 应及时调整掘进速度和出渣量； 4. 当从地面处理地下障碍物时，应选择合理的处理方法，处理后应进行回填；

续表

序号	风险源（点）		可能发生的事故类型	风险分级	主要防范措施（工程技术、管理、培训教育、个体防护、应急处置措施）	相关文件
42	特殊地段施工	地下管线与地下障碍物地段施工不符合规定	其他	三级	进行技术交底，按规范、规程施工，加强安全检查	5. 当在开挖面拆除障碍物时，可选择气压作业或加固地层的施工方法，应控制地层的开挖量，并应配备所需的设备及设施
43	特殊地段施工	建（构）筑物地段施工不符合规定	坍塌	三级	进行技术交底，按规范、规程施工，加强安全检查	《盾构法隧道施工及验收规范》（GB 50446—2017） 第8.2.5条：建（构）筑物地段施工应符合下列规定： 1. 施工前，应对建（构）筑物地段进行详细调查，评估施工对建（构）筑物的影响，并应采取相应的保护措施，控制地表变形； 2. 根据建（构）筑物基础与结构的类型、现状和沉降控制值等，可采取加固、隔离或托换等措施； 3. 应加强地表和建（构）筑物变形监测及反馈，及时调整盾构掘进参数； 4. 壁后注浆应使用快凝早强注浆材料。 《建筑与市政施工现场安全卫生与职业健康通用规范》（GB 55034—2022） 第3.7.4条：顶进作业前，应对施工范围内的既有线路进行加固。顶进施工时应对既有线路、顶力体系和后背实时进行观测、记录、分析和控制，发现变形和位移超限时，应立即进行调整
44	特殊地段施工	隧道净间距小于0.7倍盾构直径时，施工不符合规定	坍塌	三级	进行技术交底，按规范、规程施工，加强安全检查	《盾构法隧道施工及验收规范》（GB 50446—2017） 第8.2.6条：当隧道净间距小于0.7倍盾构直径时，施工应符合下列规定：

续表

序号	风险源（点）	可能发生的事故类型	风险分级	主要防范措施（工程技术、管理、培训教育、个体防护、应急处置措施）	相 关 文 件
44	特殊地段施工	隧道净间距小于0.7倍盾构直径时，施工不符合规定	坍塌	三级	进行技术交底，按规范、规程施工，加强安全检查	1. 施工前，应分析施工对既有隧道的影响，或隧道同时掘进时的相互影响，并应采取相应的施工措施； 2. 施工时，应控制掘进速度、开挖仓压力、出渣量和注浆压力等； 3. 对既有隧道应加强监测，根据反馈调整盾构掘进参数； 4. 可采取加固隧道间的土体，在既有隧道内支设钢支撑等辅助措施控制地层和隧道变形
45	特殊地段施工	水域地段施工不符合规定	淹溺、坍塌	二级	进行技术交底，按规范、规程施工，加强安全检查	《盾构法隧道施工及验收规范》（GB 50446—2017） 第8.2.7条：水域地段施工应符合下列规定： 1. 应查明工程地质、水文地质条件和河床状况，并应设定适当的开挖面压力，应加强开挖面管理与掘进参数控制； 2. 应配备足够的排水设备与设施； 3. 应采用快凝早强注浆材料，加强壁后同步注浆和二次注浆； 4. 穿越前，应对盾构密封系统进行全面检查和处理； 5. 应根据地层条件预测刀具和盾尾密封的磨损，制定更换方案； 6. 应采取防止对堤岸和周边建（构）筑物影响的措施

续表

序号	风险源（点）	可能发生的事故类型	风险分级	主要防范措施（工程技术、管理、培训教育、个体防护、应急处置措施）	相 关 文 件
46	特殊地段施工	地质条件复杂地段、砂卵石以及岩溶地段施工不符合规定	淹溺、坍塌	二级	进行技术交底，按规范、规程施工，加强安全检查	《盾构法隧道施工及验收规范》(GB 50446—2017) 第 8.2.8 条：地质条件复杂地段、砂卵石以及岩溶地段施工应符合下列规定： 1. 应根据穿过地段的地质条件，合理选择刀盘形式和刀具形式及组合方式和数量； 2. 应在掘进中加强刀具磨损的检测，并应采取刀具保护措施； 3. 应根据地质条件、地下水状况和地表沉降控制要求等选择掘进模式，掘进模式的转换宜采用局部气压模式作为过渡模式，并应在地质条件较好地层中完成； 4. 当采用土压平衡盾构通过砂卵石地段时，应进行渣土改良； 5. 当采用泥水平衡盾构通过砂卵石地段时，应根据砾石含量和粒径确定破碎方法和泥浆配合比； 6. 当在软硬不均地层掘进时，应采取措施控制地表变形； 7. 当在富水砂层掘进时，应加强注浆控制和渣土改良，并快速通过； 8. 当通过断层破碎带时，可采取超前加固措施，并加强对地下水的控制； 9. 当遇有大孤石影响掘进时，应采取措施处理； 10. 对掘进施工影响范围内的岩溶和洞穴，应采取注浆等措施处理。

续表

序号	风险源（点）	可能发生的事故类型	风险分级	主要防范措施（工程技术、管理、培训教育、个体防护、应急处置措施）	相 关 文 件
46	特殊地段施工	地质条件复杂地段、砂卵石以及岩溶地段施工不符合规定	淹溺、坍塌	二级	进行技术交底，按规范、规程施工，加强安全检查	《建筑与市政施工现场安全卫生与职业健康通用规范》（GB 55034—2022） 第3.13.1条：地下施工作业穿越富水地层、岩溶发育地质、采空区以及其他可能引发透水事故的施工环境时，应制定相应的防水、排水、降水、堵水及截水措施
47	特殊地段施工	存在有害气体地段施工不符合规定	中毒、窒息	二级	进行技术交底，按规范、规程施工，加强安全检查	《盾构法隧道施工及验收规范》（GB 50446—2017） 第8.2.8条：存在有害气体地段施工应符合下列规定： 1. 施工前应对盾构密封系统进行全面检查和处理； 2. 施工中应加强通风换气，必要时可采取提前排放等措施； 3. 应对有害气体进行监测预警； 4. 当存在易燃易爆气体地段施工时，相关设备应满足防爆要求
48	施工监测	未按批准的监测方案布设监测仪器	坍塌	四级	进行技术交底，按审核批准的监测方案埋设监测仪器，加强检查	《市政工程施工安全检查标准》（CJJ/T 275—2018） 第7.1.2条：矿山法隧洞保证项目的检查评定应符合下列规定： 7. 隧道施工监测应符合下列规定： 1）隧道施工应按监测方案实施施工监测，并应明确监测项目、监测报警值、监测方法和监测的布置、监测周期等内容

续表

序号	风险源（点）		可能发生的事故类型	风险分级	主要防范措施（工程技术、管理、培训教育、个体防护、应急处置措施）	相 关 文 件
49	施工监测	未按监测方案或设计要求开展监测工作	坍塌	三级	进行技术交底，按审核批准的监测方案开展监测工作，加强检查	《市政工程施工安全检查标准》（CJJ/T 275—2018） 第7.1.2条：矿山法隧洞保证项目的检查评定应符合下列规定： 7. 隧道施工监测应符合下列规定： 2）监测的时间间隔应根据施工进度确定，当监测结果变化速率较大时，应加密观测次数。 3）隧道施工监测过程中，应按设计及工程实际及时处理监测数据，并应按设计要求提交阶段性监测报告，及时反馈、指导施工
50	施工监测	监测达报警值时未及时报送、未采取措施（监控测量数据异常变化，未采取措施处置）	坍塌	一级	停止施工，采取补救措施，进行技术交底，加强检查	《水利工程建设项目生产安全重大事故隐患清单指南（2023年版）》 《房屋市政工程生产安全重大事故隐患判定标准（2024版）》 《市政工程施工安全检查标准》（CJJ/T 275—2018） 第7.1.2条：矿山法隧洞保证项目的检查评定应符合下列规定： 7. 隧道施工监测应符合下列规定： 4）当监测值达到所规定报警值时，应停止施工，查明原因，采取补救措施。 第7.2.3条：盾构施工监测应符合下列规定： 7. 盾构施工监测应符合下列规定： 4）当监测值达到所规定的报警值时，应停止施工，查明原因，采取补救措施

续表

序号	风险源（点）	可能发生的事故类型	风险分级	主要防范措施（工程技术、管理、培训教育、个体防护、应急处置措施）	相 关 文 件
51	隧道运输	竖井垂直运输材料过程中，井下作业人员未撤离至安全地带	物体打击	三级	加强工人安全技术交底，开展安全检查	《市政工程施工安全检查标准》（CJJ/T 275—2018） 第7.1.3条：矿山法隧洞一般项目的检查评定应符合下列规定： 4. 隧道施工运输应符合下列规定： 1）竖井垂直运输材料过程中，井下作业人员应撤离至安全地带
52	隧道运输	洞内装卸、运输车辆不符合安全技术要求，未经检验合格，司机未持证上岗	车辆伤害	四级	清退不符合的车辆、人员，保障车辆处于安全状态，人员持证上岗，加强检查	《市政工程施工安全检查标准》（CJJ/T 275—2018） 第7.1.3条：矿山法隧洞一般项目的检查评定应符合下列规定： 4. 隧道施工运输应符合下列规定： 2）运输车辆应有产品合格证明。 3）洞内运输车辆应制动有效，不得人料混载、超载、超宽、超高运输。 4）洞内车辆照明、信号系统应完善。 《建筑与市政施工现场安全卫生与职业健康通用规范》（GB 55034—2022） 第3.8.5条：施工车辆应定期进行检查、维护和保养
53	隧道运输	超速行驶，隧道内无限速标志，超载	车辆伤害	四级	增设限速标志，进行安全技术交底，加强安全检查	《市政工程施工安全检查标准》（CJJ/T 275—2018） 第7.1.3条：矿山法隧洞一般项目的检查评定应符合下列规定： 4. 隧道施工运输应符合下列规定： 5）洞内应设置交通引导标志和车辆限速标志，车辆严禁超速行驶

续表

序号	风险源（点）		可能发生的事故类型	风险分级	主要防范措施（工程技术、管理、培训教育、个体防护、应急处置措施）	相 关 文 件
53	隧道运输	超速行驶，隧道内无限速标志，超载	车辆伤害	四级	增设限速标志，进行安全技术交底，加强安全检查	第7.2.4条：盾构法隧道一般项目的检查应符合下列规定： 2. 隧道施工运输应符合下列规定： 6) 车辆应连接可靠，并应设置保险链，严禁超载、超限。 《建筑与市政施工现场安全卫生与职业健康通用规范》（GB 55034—2022） 第3.8.2条：施工现场车辆行驶道路应平整坚实，在特殊路段应设置反光桩，爆闪灯、转角灯等设施，车辆行驶应遵守施工现场限速要求
54	隧道运输	行驶路面不平整，特殊路段未设置警示设施	车辆伤害	四级	及时修整路面，设置警示标识，加强安全检查	《市政工程施工安全检查标准》（CJJ/T 275—2018） 第7.1.3条：矿山法隧洞一般项目的检查评定应符合下列规定： 4. 隧道施工运输应符合下列规定： 6) 隧道内车辆行驶道路应畅通，不得有堆积物料、积泥（水）等影响车辆通行。 《建筑与市政施工现场安全卫生与职业健康通用规范》（GB 55034—2022） 第3.8.2条：施工现场车辆行驶道路应平整坚实，在特殊路段应设置反光桩，爆闪灯、转角灯等设施，车辆行驶应遵守施工现场限速要求

续表

序号	风险源（点）	可能发生的事故类型	风险分级	主要防范措施（工程技术、管理、培训教育、个体防护、应急处置措施）	相 关 文 件
55	隧道运输	客货混装、料斗载人、平板车载人	车辆伤害	四级	进行安全技术交底，开展安全培训教育，加强安全检查	《市政工程施工安全检查标准》（CJJ/T 275—2018） 第7.1.3条：矿山法隧洞一般项目的检查评定应符合下列规定： 4. 隧道施工运输应符合下列规定： 3）洞内运输车辆应制动有效，不得人料混载、超载、超宽、超高运输。 第7.2.4条：盾构法隧道一般项目的检查应符合下列规定： 2. 隧道施工运输应符合下列规定： 5）平板车不得搭载人员
56	隧道运输	车辆无防溜车措施	车辆伤害	三级	车辆采取防溜车措施，进行安全技术交底，加强安全检查	《市政工程施工安全检查标准》（CJJ/T 275—2018） 第7.2.4条：盾构法隧道一般项目的检查应符合下列规定： 2. 隧道施工运输应符合下列规定： 2）车辆停驶时应采取防溜车措施。 《盾构法隧道施工及验收规范》（GB 50446—2017） 第14.1.5条：运输设备应有防溜车或防坠落措施，操作、维护和保养应符合操作规程要求
57	隧道运输	车辆安全状态不佳、警示装置不全、动力和制动功能不佳。车辆接不可靠，无险装置	车辆伤害	四级	清退不符合要求的车辆，更换符合要求的车辆	《市政工程施工安全检查标准》（CJJ/T 275—2018） 第7.2.4条：盾构法隧道一般项目的检查应符合下列规定： 2. 隧道施工运输应符合下列规定：

续表

序号	风险源（点）	可能发生的事故类型	风险分级	主要防范措施（工程技术、管理、培训教育、个体防护、应急处置措施）	相 关 文 件
57	隧道运输	车辆安全状态不佳，警示装置不全，动力和制动功能不佳。车辆接不可靠，无险装置	车辆伤害	四级	清退不符合要求的车辆，更换符合要求的车辆	3）车辆应处于安全状态，警示装置应齐全，动力和制动功能等应良好； 6）车辆应连接可靠，并应设置保险链，严禁超载、超限
58	隧道运输	隧洞施工运输车辆未定期检查，超重运输或使用货运车辆运送人员	车辆伤害	一级	暂停施工，进行车辆检查，确保车辆处于正常状态。进行安全技术交底，开展安全教育培训	《水利工程建设项目生产安全重大事故隐患清单指南（2023年版）》
59	隧道运输	未采取人车分离措施，或行车区作业未采取安全防护措施	车辆伤害	四级	采取人车分离、安全防护措施，进行安全技术交底，开展安全教育培训	《市政工程施工安全检查标准》（CJJ/T 275—2018） 第7.2.4条：盾构法隧道一般项目的检查应符合下列规定： 2. 隧道施工运输应符合下列规定： 11）隧道应采取人车分行措施，行车区域内施工作业应采取有效的安全防护措施
60	隧道运输	无联络信号或者联络信号不准确、不合理	车辆伤害	四级	及时消除隐患，开展加强检查	《市政工程施工安全检查标准》（CJJ/T 275—2018） 第7.2.4条：盾构法隧道一般项目的检查应符合下列规定： 2. 隧道施工运输应符合下列规定： 8）运输应有联络信号，且信号应合理、准确

续表

序号	风险源（点）	可能发生的事故类型	风险分级	主要防范措施（工程技术、管理、培训教育、个体防护、应急处置措施）	相关文件
61	隧道运输	隧道内存在杂物，影响车辆通行	车辆伤害	四级	及时清除杂物，消除障碍物，加强检查	《市政工程施工安全检查标准》（CJJ/T 275—2018） 第7.2.4条：盾构法隧道一般项目的检查应符合下列规定： 2. 隧道施工运输应符合下列规定： 9）隧道内车辆行驶道路应通畅，不得有堆积物料、积泥（水）等影响车辆通行
62	通风、照明与排水	隧洞通风措施不合规	中毒、窒息	四级	进行安全技术交底，按规范、规程采取通风措施，加强检查	《市政工程施工安全检查标准》（CJJ/T 275—2018） 第7.1.3条：矿山法隧洞一般项目的检查评定应符合下列规定： 5. 作业环境应符合下列规定： 1）施工前应编制通风、防尘专项施工方案，并应对通风量进行计算。 4）作业面应通风良好，风速、送风量应满足施工要求。 5）风管应完好，不得有破损、漏风，吊挂应平直。 6）爆破后应通风，通风时间不应少于15min。 第7.2.4条：盾构法隧道一般项目的检查评定应符合下列规定： 3. 安全防护与保护措施应符合下列规定： 4）作业面应通风良好，风速、新风量应满足施工要求； 5）风管应完好，不得有破损、漏风，吊挂应平直。

续表

序号	风险源（点）	可能发生的事故类型	风险分级	主要防范措施（工程技术、管理、培训教育、个体防护、应急处置措施）	相 关 文 件
62	通风、照明与排水	隧洞通风措施不合规	中毒、窒息	四级	进行安全技术交底，按规范、规程采取通风措施，加强检查	《水利水电工程施工通用安全技术规程》（SL 398—2007） 第3.1.6条：隧洞作业应保持照明、通风良好、排水畅通，应采取必要的安全措施。 第3.4.3条：常见产生粉尘危害的作业场所应采取以下相应措施控制粉尘浓度： 4. 地下洞室施工应有强制通风设施，确保洞内粉尘、烟尘、废气及时排出。 《水利水电工程土建施工安全技术规程》（SL 399—2007） 第3.5.11条：通风及排水应遵守下列规定： 1. 洞井施工时，应及时向工作面供应 $3m^3/(人·min)$ 的新鲜空气。 5. 通风采用压风时，风管端头应距开挖工作面在 10～15m；若采取吸风时，风管端宜为 20m。 7. 严禁在通风管上放置或悬挂任何物体
63	通风、照明与排水	隧洞照明措施不合规	触电、其他伤害	四级	进行安全技术交底，按规范、规程采取照明措施，加强检查	《市政工程施工安全检查标准》（CJJ/T 275—2018） 第7.1.3条：矿山法隧洞一般项目的检查评定应符合下列规定： 5. 作业环境应符合下列规定： 11）洞内光线不足时应设置足够照明。 第7.2.4条：盾构法隧道一般项目的检查评定应符合下列规定： 3. 安全防护与保护措施应符合下列规定：

续表

序号	风险源（点）		可能发生的事故类型	风险分级	主要防范措施（工程技术、管理、培训教育、个体防护、应急处置措施）	相 关 文 件
63	通风、照明与排水	隧洞照明措施不合规	触电、其他伤害	四级	进行安全技术交底，按规范、规程采取照明措施，加强检查	7）洞内光线不足时应设置足够照明。 《水利水电工程施工通用安全技术规程》（SL 398—2007） 第3.1.6条：隧洞作业应保持照明、通风良好、排水畅通，应采取必要的安全措施。 第3.8.3条：排水系统设备供电应有独立的动力电源（尤其是洞内排水），必要时应有备用电源。 第4.5.14条：地下工程作业、夜间施工或自然采光差等场所，应设一般照明、局部照明或混合照明，并应装设自备电源的应急照明。 《水利水电工程施工安全防护设施技术规范》（SL 714—2015） 第3.1.7条：施工照明应符合下列要求： 5. 地下工程，有高温、导电灰尘，且灯具离地面高度低于2.50m等场所的照明，电源电压不应大于36V，并选用密闭型防水防尘照明器或配有防水灯头的开启式照明器。在特别潮湿的场所、导电良好的地面、锅炉或金属容器内工作的照明电源电压不宜大于12V
64	通风、照明与排水	隧洞施工防、排水措施不合规	淹溺、坍塌、触电	四级	进行安全技术交底，按规范、规程采取排水措施，加强检查	《市政工程施工安全检查标准》（CJJ/T 275—2018） 第7.1.3条：矿山法隧洞一般项目的检查评定应符合下列规定： 5. 作业环境应符合下列规定： 12）洞内应设置警示、应急避险、通信、排水设施。

续表

序号	风险源（点）		可能发生的事故类型	风险分级	主要防范措施（工程技术、管理、培训教育、个体防护、应急处置措施）	相 关 文 件
64	通风、照明与排水	隧洞施工防、排水措施不合规	淹溺、坍塌、触电	四级	进行安全技术交底，按规范、规程采取排水措施，加强检查	《水利水电工程施工通用安全技术规程》（SL 398—2007） 第3.1.6条：隧洞作业应保持照明、通风良好、排水畅通，应采取必要的安全措施。 《水利水电工程土建施工安全技术规程》（SL 399—2007） 第3.1.4条：开挖过程中，应采取有效的截水、排水措施，防止地表水和地下水影响开挖作业和施工安全。 《建筑与市政施工现场安全卫生与职业健康通用规范》（GB 55034—2022） 第3.13.1条：地下施工作业穿越富水地层、岩溶发育地质、采空区以及其他可能引发透水事故的施工环境时，应制定相应的防水、排水、降水、堵水及截水措施
65	气体监测	有害气体无专人监测，监测设备不完好，监测记录不完整	中毒	四级	进行安全技术交底，开展培训教育，加强监测，做好记录	《市政工程施工安全检查标准》（CJJ/T 275—2018） 第7.1.3条：矿山法隧洞一般项目的检查评定应符合下列规定： 5. 作业环境应符合下列规定： 3）隧道施工前应按时测定粉尘和有害气体的浓度，浓度超限时应采取有效处理措施
66	气体监测	洞室施工过程中，未对洞内有毒有害气体进行检测、监测；有毒有害气体达到或超过规定标准时未采取有效措施	中毒	一级	暂停施工，启动应急预案，采取措施，消除隐患，满足条件后方可进行下一步施工	《水利工程建设项目生产安全重大事故隐患清单指南（2023年版）》 《市政工程施工安全检查标准》（CJJ/T 275—2018） 第7.2.4条：盾构法隧道一般项目的检查评定应符合下列规定： 3. 安全防护与保护措施应符合下列规定：

续表

序号	风险源（点）	可能发生的事故类型	风险分级	主要防范措施（工程技术、管理、培训教育、个体防护、应急处置措施）	相 关 文 件
66	气体监测	洞室施工过程中，未对洞内有毒有害气体进行检测、监测；有毒有害气体达到或超过规定标准时未采取有效措施	中毒	一级	暂停施工，启动应急预案，采取措施，消除隐患，满足条件后方可进行下一步施工	3）施工前应进行氧气及瓦斯、沼气等有毒有害气体、粉尘浓度等检测，有毒有害气体浓度超限时应采取有效处理措施
67	动火作业	隧洞内动火作业未按要求履行作业许可审批手续并安排专人监护	火灾	一级	暂停施工，补办手续，安排专人监护，进行安全技术交底，加强安全检查	《水利工程建设项目生产安全重大事故隐患清单指南（2023年版）》
68	应急通讯	未按规定设置应急通讯和报警系统	其他伤害	一级	暂停施工，配置符合要求的应急通讯和报警系统，加强安全检查	《水利工程建设项目生产安全重大事故隐患清单指南（2023年版）》

4.7 顶管施工

顶管施工安全风险管控清单（表4-7）的制定参考了《建筑与市政施工现场安全卫生与职业健康通用规范》（GB 55034—2022）、《市政工程施工安全检查标准》（CJJ/T 275—2018）、《给水排水管道工程施工及验收规范》（GB 50268—2008）、《建筑与市政工程施工现场临时用电安全技术规范》（JGJ/T 46—2024）、《建筑机械使用安全技术规程》（JGJ 33—2012）、《起重机 钢丝绳 保养、维护、检验和报废》（GB/T 5972—2016）、《建筑施工起重吊装工程安全技术规范》（JGJ 276—2012）、《危险性较大的分部分项工程安全管理规定》（中华人民共和国住房和城乡建设部令第37号）、《房屋市政工程生产安全重大事故隐患判定标准（2024版）》、《水利工程建设项目生产安全重大事故隐患清单指南（2023年版）》。

表4-7　　　　　　　　　顶管施工安全风险管控清单

序号	风险源（点）	可能发生的事故类型	风险分级	主要防范措施（工程技术、管理、培训教育、个体防护、应急处置措施）	相 关 文 件
1	专项施工方案	顶管施工未编制专项方案，未进行审核、审批，未进行专家论证	坍塌、高处坠落、物体打击	一级	编制专项施工方案，组织专家论证，进行方案和安全技术交底，并对方案执行情况开展检查	《危险性较大的分部分项工程安全管理规定》（中华人民共和国住房和城乡建设部令第37号）第十二条：对于超过一定规模的危大工程，施工单位应当组织召开专家论证会对专项施工方案进行论证。实行施工总承包的，由施工总承包单位组织召开专家论证会。专家论证前专项施工方案应当通过施工单位审核和总监理工程师审查
2	专项施工方案	顶管施工未编制专项方案	坍塌、高处坠落、物体打击	二级	编写专项施工方案，进行方案和安全技术交底，并对方案执行情况开展检查	《危险性较大的分部分项工程安全管理规定》（中华人民共和国住房和城乡建设部令第37号）第十条：施工单位应当在危大工程施工前组织工程技术人员编制专项施工方案。《给水排水管道工程施工及验收规范》（GB 50268—2008）第6.1.3条：施工前编制施工方案，包括下列主要内容：1. 顶管法施工方案包括下列主要内容：1）顶进方法比选和顶管段单元长度的确定；2）顶管机选型及各类设备的规格、型号及数量；3）工作井位置选择、结构类型及其洞口封门设计；4）管节、接口选型及检验，内外防腐处理；

续表

序号	风险源（点）		可能发生的事故类型	风险分级	主要防范措施（工程技术、管理、培训教育、个体防护、应急处置措施）	相关文件
2	专项施工方案	顶管施工未编制专项方案	坍塌、高处坠落、物体打击	二级	编写专项施工方案，进行方案和安全技术交底，并对方案执行情况开展检查	5）顶管进、出洞口技术措施，地基改良措施； 6）顶力计算、后背设计和中断间设置； 7）减阻剂选择及相应技术措施； 8）施工测量、纠偏的方法； 9）曲线顶进及垂直顶升的技术控制及措施； 10）地表及构筑物变形与形变监测和控制措施； 11）安全技术措施、应急预案
3	专项施工方案	顶管施工专项施工方案实施前未进行安全技术交底	坍塌、高处坠落、物体打击	三级	进行安全技术交底，开展安全检查	《市政工程施工安全检查标准》（CJJ/T 275—2018） 第7.3.3条：顶管保证项目的检查评定应符合下列规定： 1.方案与技术交底应符合下列规定： 1）顶管施工前应编制专项施工方案。 2）专项施工方案应进行审核、审批。 3）专项施工方案应组织专家论证。 4）专项施工方案实施前，应进行安全技术交底，并应有文字记录
4	专项施工方案	顶管施工专项施工方案实施前安全技术交底无针对性、无文字记录	坍塌、高处坠落、物体打击	四级	按专项施工方案进行技术交底并留存相关记录，开展安全检查	《市政工程施工安全检查标准》（CJJ/T 275—2018） 第7.3.3条：顶管保证项目的检查评定应符合下列规定： 1.方案与技术交底应符合下列规定： 1）顶管施工前应编制专项施工方案。

续表

序号	风险源（点）		可能发生的事故类型	风险分级	主要防范措施（工程技术、管理、培训教育、个体防护、应急处置措施）	相 关 文 件
4	专项施工方案	顶管施工专项施工方案实施前安全技术交底无针对性、无文字记录	坍塌、高处坠落、物体打击	四级	按专项施工方案进行技术交底并留存相关记录，开展安全检查	2）专项施工方案应进行审核、审批。 3）专项施工方案应组织专家论证。 4）专项施工方案实施前，应进行安全技术交底，并应有文字记录
5	顶管设备	顶管设备的选型、安装、保养等不符合规定	坍塌	四级	机械设备进场组织验收、安装，按期进行保养，开展安全检查	《市政工程施工安全检查标准》（CJJ/T 275—2018） 第7.3.3条：顶管保证项目的检查评定应符合下列规定： 2. 顶管设备选用应符合下列规定： 1）顶管设备、配套设备和辅助系统应有产品合格证； 2）顶管设备的型号应与管道的型号和水文地质条件相适应； 3）顶管设备安装完毕后应进行试车，确认安全可靠后方可进行作业； 4）顶管设备安装、拆卸应按操作规程进行； 5）所有设备、装置在使用中应定期检查、维修和保养
6	起重吊装设备	起重机械设备无制造许可证、产品合格证、备案证明和安装使用说明书，未按规定进行验收，未办理起重机械使用登记	起重伤害	三级	机械设备进场组织验收，定期检验，办理使用登记，开展安全检查	《市政工程施工安全检查标准》（CJJ/T 275—2018） 第7.3.3条：顶管保证项目的检查评定应符合下列规定： 3. 顶管施工起重吊装应符合下列规定： 1）起重机械设备应有制造许可证、产品合格证、备案证明和安装使用说明书； 2）起重设备使用前应进行验收，验收合格后应办理起重机械使用登记

续表

序号	风险源（点）	可能发生的事故类型	风险分级	主要防范措施（工程技术、管理、培训教育、个体防护、应急处置措施）	相 关 文 件
7	起重吊装设备	起重设备的安全装置不齐全或不灵敏可靠（起重机械未配备荷载、变幅等指示装置和荷载、力矩、高度、行程等限位、限制及连锁装置）	起重伤害	一级	暂停施工，配齐安全装置经验收符合要求后方可使用，加强安全检查	《房屋市政工程生产安全重大事故隐患判定标准（2024版）》《水利工程建设项目生产安全重大事故隐患清单指南（2023年版）》
8	起重吊装设备	起重机械的钢丝绳、卷筒、滑轮欠完好	起重伤害	四级	加强维护保养，加强检查	《建筑机械使用安全技术规程》（JGJ 33—2012）第4.1.32条：建筑起重机械制动轮的制动摩擦面不应有妨碍制动性能的缺陷或沾染油污。制动轮出现下列情况之一时，应作报废处理：裂纹；起升、变幅机构的制动轮，轮缘厚度磨损大于原厚度的40%；其他机构的制动轮，轮缘厚度磨损大于原厚度的50%；轮面凹凸不平度达1.5～2.0mm（小直径取小值，大直径取大值）。《起重机 钢丝绳 保养、维护、检验和报废》（GB/T 5972—2023）第6章：可见断丝、钢丝绳绳径减小、断股（整股断裂）、腐蚀（钢丝表面重度凹痕以及钢丝松弛、腐蚀碎屑从外绳股之间的股沟溢出、钢丝与绳股之间摩擦产生钢质微粒、氧化产生干粉状的内部腐蚀碎屑）、畸形和损伤（波浪形、笼状畸形、绳芯或绳股突出或扭曲、钢丝的环状突出、绳径局部增大、局部扁平、扭结、折弯、热和电弧引起的损伤）。

续表

序号	风险源（点）		可能发生的事故类型	风险分级	主要防范措施（工程技术、管理、培训教育、个体防护、应急处置措施）	相 关 文 件
8	起重吊装设备	起重机械的钢丝绳、卷筒、滑轮欠完好	起重伤害	四级	加强维护保养，加强检查	《市政工程施工安全检查标准》（CJJ/T 275—2018） 第7.3.3条：顶管保证项目的检查评定应符合下列规定： 3. 顶管施工起重吊装应符合下列规定： 4）起重机械的钢丝绳磨损、断丝、变形、锈蚀和吊钩、卷筒、滑轮磨损应在标准范围内
9	起重吊装设备	起重作业前未进行试吊	起重伤害	三级	进行安全技术交底，遵守专项方案或操作规程，起重作业前进行试吊	《建筑施工起重吊装工程安全技术规范》（JGJ 276—2012） 第3.0.17条：开始起吊时，应先将构件吊离地面200～300mm后暂停，检查起重机的稳定性、制动装置的可靠性、构件的平衡性和绑扎的牢固性等，确认无误后，方可继续起吊。已吊起的构件不得长久停滞在空中。严禁超载和吊装重量不明的重型构件和设备。 《市政工程施工安全检查标准》（CJJ/T 275—2018） 第7.3.3条：顶管保证项目的检查评定应符合下列规定： 3. 顶管施工起重吊装应符合下列规定： 5）起重作业前应试吊，确认安全后方可起吊
10	起重吊装设备	下管时未穿保险钢丝绳	起重伤害	四级	下管时按要求穿保险钢丝绳	《市政工程施工安全检查标准》（CJJ/T 275—2018） 第7.3.3条：顶管保证项目的检查评定应符合下列规定： 3. 顶管施工起重吊装应符合下列规定： 6）下管时应穿保险钢丝绳

续表

序号	风险源（点）	可能发生的事故类型	风险分级	主要防范措施（工程技术、管理、培训教育、个体防护、应急处置措施）	相 关 文 件
11	起重吊装设备	起重机械与架空线路安全距离不符合标准要求	触电	一级	暂停施工，执行专项施工方案和技术规范，采取防护措施，进行安全技术交底，加强安全检查	《水利工程建设项目生产安全重大事故隐患清单指南（2023年版）》 《建筑与市政工程施工现场临时用电安全技术规范》（JGJ/T 46—2024） 第8.1.2条：在施工程（含脚手架）的周边与外电架空线路的边线之间的最小安全操作距离应符合表8.1.2规定。 表8.1.2 在施工程（含脚手架）的周边与空线路的边线之间的最小安全操作距离 | 外电线路电压等级（kV）	<1	1～10	35～110	220	330～500 | |---|---|---|---|---|---| | 最小安全操作距离（m） | 7.0 | 8.0 | 8.0 | 10 | 15 | 注：上下脚手架的斜道不宜设在有外电线路的一侧
12	起重吊装设备	起重机械操作人员未取得特种作业资格证书	起重伤害	二级	清退不符合要求的人员，更换符合要求的人员，加强检查	《建筑施工起重吊装工程安全技术规范》（JGJ 276—2012） 第3.0.2条：起重机操作人员、起重信号工、司索工等特种作业人员必须持特种作业资格证书上岗。严禁非起重机驾驶人员驾驶、操作起重机。 《市政工程施工安全检查标准》（CJJ/T 275—2018） 第7.3.3条：顶管保证项目的检查评定应符合下列规定： 3. 顶管施工起重吊装应符合下列规定： 8）起重司机、信号司索工等操作人员应取得特种作业资格证书

续表

序号	风险源（点）		可能发生的事故类型	风险分级	主要防范措施（工程技术、管理、培训教育、个体防护、应急处置措施）	相 关 文 件
13	起重吊装设备	起重机械超负荷使用	起重伤害	三级	立即停止作业，进行安全技术交底，开展培训教育，加强安全检查	《市政工程施工安全检查标准》（CJJ/T 275—2018）第7.3.3条：顶管保证项目的检查评定应符合下列规定：3. 顶管施工起重吊装应符合下列规定：9）起重机械的提升荷载不得超过额定荷载
14	起重吊装设备	起重臂及吊物下有人员作业、停留或通行	起重伤害	三级	立即停止作业，进行安全技术交底，开展培训教育，加强安全检查	《市政工程施工安全检查标准》（CJJ/T 275—2018）第7.3.3条：顶管保证项目的检查评定应符合下列规定：3. 顶管施工起重吊装应符合下列规定：10）严禁起重臂及吊物下有人员作业、停留或通行
15	工作井	工作井结构不符合设计和专项施工方案的要求，或不满足井壁支护及承受顶管推进后坐力的要求	坍塌	四级	进行安全技术交底，按专项施工方案及设计要求施工	设计文件 专项施工方案《市政工程施工安全检查标准》（CJJ/T 275—2018）第7.3.3条：顶管保证项目的检查评定应符合下列规定：4. 工作井施工与构造应符合下列规定：1）工作井结构应符合设计要求，能满足井壁支护及承受顶管推进后坐力要求
16	工作井	工作井周边堆载超过支护设计允许范围，或机械设备施工与井边的安全距离不符合设计要求	坍塌	三级	立即消除隐患，加强检查	设计文件 专项施工方案《市政工程施工安全检查标准》（CJJ/T 275—2018）第7.3.3条：顶管保证项目的检查评定应符合下列规定：

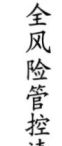

续表

序号	风险源（点）	可能发生的事故类型	风险分级	主要防范措施（工程技术、管理、培训教育、个体防护、应急处置措施）	相 关 文 件
16	工作井	工作井周边堆载超过支护设计允许范围，或机械设备施工与井边的安全距离不符合设计要求	坍塌	三级	立即消除隐患，加强检查	4. 工作井施工与构造应符合下列规定： 3) 工作井周边堆载应在支护设计允许范围内，机械设备与井边的安全距离应符合设计安全距离的要求
17	工作井	后背墙的尺寸、材料、构造不符合设计和专项施工方案的规定，或其强度和刚度不满足顶管最大允许顶力和设计要求	坍塌	三级	采取加固措施，满足设计及专项施工方案要求，组织验收，验收合格后方可进行下一步作业	设计文件 专项施工方案 《市政工程施工安全检查标准》（CJJ/T 275—2018） 第7.3.3条：顶管保证项目的检查评定应符合下列规定： 4. 工作井施工与构造应符合下列规定： 4) 后背墙的尺寸、材料、构造应符合设计要求，其承载力和刚度应满足顶管最大允许顶力和设计要求
18	工作井	进出洞口的土体未按设计和专项施工方案的要求进行加固处理	坍塌	三级	采取加固措施，满足设计及专项施工方案要求后方可进行下一步作业	设计文件 《市政工程施工安全检查标准》（CJJ/T 275—2018） 第7.3.3条：顶管保证项目的检查评定应符合下列规定： 4. 工作井施工与构造应符合下列规定： 6) 顶管进出洞口的土体应根据地质情况、顶管机选型、管道直径、埋深和周围环境按设计要求进行加固处理

续表

序号	风险源（点）	可能发生的事故类型	风险分级	主要防范措施（工程技术、管理、培训教育、个体防护、应急处置措施）	相 关 文 件
19	顶进	顶管施工前未对施工沿线的建（构）筑物、地下管线和地下障碍物的情况进行踏勘	坍塌、其他伤害	二级	进行技术交底，现场踏勘，留存记录备查	《市政工程施工安全检查标准》（CJJ/T 275—2018）第7.3.3条：顶管保证项目的检查评定应符合下列规定：4. 顶进作业应符合下列规定：1）顶管施工前应对施工沿线进行踏勘，了解结构物、地下管线和地下障碍物的情况
20	顶进	施工前未对后背土体进行允许抗力验算或验算不满足要求时未对后背土体采取有效加固措施	坍塌	三级	进行设计验算，不满足要求时采取加固	《市政工程施工安全检查标准》（CJJ/T 275—2018）第7.3.3条：顶管保证项目的检查评定应符合下列规定：4. 顶进作业应符合下列规定：2）施工前应对后背土体进行允许抗力验算，验算不满足要求时应对后背土体加固，以满足施工安全、周围环境保护要求
21	顶进	顶铁在导轨上滑动不平稳或有阻滞现象	机械伤害	三级	消除隐患，加强检查	《市政工程施工安全检查标准》（CJJ/T 275—2018）第7.3.3条：顶管保证项目的检查评定应符合下列规定：4. 顶进作业应符合下列规定：3）顶铁在导轨上应滑动平稳、无阻滞现象
22	顶进	顶进作业时作业人员停留在顶铁上方及侧面等危险区域	机械伤害	四级	进行技术交底，开展培训教育，加强安全检查	《市政工程施工安全检查标准》（CJJ/T 275—2018）第7.3.3条：顶管保证项目的检查评定应符合下列规定：4. 顶进作业应符合下列规定：5）顶进作业时，作业人员不得在顶铁上方及侧面停留，并应随时观察顶铁有无异常现象

续表

序号	风险源（点）		可能发生的事故类型	风险分级	主要防范措施（工程技术、管理、培训教育、个体防护、应急处置措施）	相 关 文 件
23	顶进	手摇式顶管时，挖土人员走出工具管前面进行作业	坍塌	二级	进行技术交底，开展培训教育，加强安全检查	《市政工程施工安全检查标准》（CJJ/T 275—2018）第7.3.3条：顶管保证项目的检查评定应符合下列规定：4. 顶进作业应符合下列规定：9）手摇式顶管时，严禁挖土人员走出工具管进行作业
24	顶进	顶进过程中遇到异常情况未停止作业并采取防止顶管机前方塌方的措施	坍塌	二级	停止作业并采取应急措施，进行技术交底	《给水排水管道工程施工及验收规范》（GB 50268—2008）第6.3.14条：顶管应连续作业，顶进过程中遇到下列情况之一时，应暂停顶进，及时处理，并采取防止顶管机前方塌方的措施。1. 顶管机前方遇到障碍；2. 后背墙变形严重；3. 顶铁发生扭曲现象；4. 管位偏差过大且纠偏措施无效；5. 顶力超过管材的允许顶力；6. 油泵、油路发生异常现象；7. 管节接缝、中继间渗漏泥水、泥浆；8. 地层、邻近建（构）筑物、管线等周边环境的变形量超出控制允许值。《建筑与市政施工现场安全卫生与职业健康通用规范》（GB 55034—2022）第3.7.4条：顶进作业前，应对施工范围内的既有线路进行加固。顶进施工时应对既有线路、顶力体系和后背实时进行观测、记录、分析和控制，发现变形和位移超限时，应立即进行调整

续表

序号	风险源（点）		可能发生的事故类型	风险分级	主要防范措施（工程技术、管理、培训教育、个体防护、应急处置措施）	相 关 文 件
25	施工监测	未按设计及监测方案要求对顶管施工进行监测	坍塌	二级	暂停施工，按规范及监测方案要求开展监测，监测数据符合设计、规范要求后方可进行下一步作业	设计文件 《市政工程施工安全检查标准》（CJJ/T 275—2018） 第7.3.3条：顶管施工监测应符合下列规定： 1）顶管施工应进行监测，监测项目应包括工作井基坑和管道沿线影响范围内的地表、临近结构物、地下管线，并应明确监测项目、监测报警值、监测方法和监测点的布置、监测周期等内容
26	施工监测	监测的时间间隔不符合监测方案要求或监测结果变化速率较大未加密观测次数	坍塌	三级	按规范及监测方案要求进行监测，并按要求及时报送监测数据	设计文件及监测方案 《市政工程施工安全检查标准》（CJJ/T 275—2018） 第7.3.3条：顶管施工监测应符合下列规定： 2）监测的时间间隔应根据施工进度确定，当监测结果变化速率较大、变形量或变形速率异常变化、建筑本身、周边建筑物及地表出现异常时，应加大观测频率
27	施工监测	未提交监测报告或监测报告内容不完整，当监测值大于所规定的报警值时未停止施工，查明原因，采取补救措施	坍塌	三级	监测值大于所规定的报警值时暂停施工，并采取补救措施，及时报送监测报告	设计文件 《市政工程施工安全检查标准》（CJJ/T 275—2018） 第7.3.3条：顶管施工监测应符合下列规定： 3）顶管施工过程中，应提交阶段性监测报告； 4）当监测值大于所规定的报警值时，应停止施工，查明原因，采取补救措施

续表

序号	风险源（点）	可能发生的事故类型	风险分级	主要防范措施（工程技术、管理、培训教育、个体防护、应急处置措施）	相 关 文 件
28	降排水及通风	作业深度范围内有地下水时未采取有效降排水措施	坍塌、淹溺	四级	及时按采取降排水措施	《市政工程施工安全检查标准》(CJJ/T 275—2018) 第7.3.4条：顶管一般项目的检查评定应符合下列规定： 1. 降水、排泥与通风应符合下列规定： 1）作业深度范围内有地下水时，应采取有效降水措施
29	降排水及通风	井四周地面未设置防、排水设施	坍塌	四级	设置降、排水措施	《市政工程施工安全检查标准》(CJJ/T 275—2018) 第7.3.4条：顶管一般项目的检查评定应符合下列规定： 1. 降水、排泥与通风应符合下列规定： 2）工作井四周地面应设截排水设施
30	降排水及通风	管道内未设置通风装置；通风量或空气质量不符合要求	中毒、窒息	三级	采取通风措施并检测，加强检查	《市政工程施工安全检查标准》(CJJ/T 275—2018) 第7.3.4条：顶管一般项目的检查评定应符合下列规定： 1. 降水、排泥与通风应符合下列规定： 5）管道内应设置通风装置，通风量宜为每人25～30m³/h，出口空气质量应符合环保要求
31	降排水及通风	管道内未设置有毒气体检测报警装置	中毒	三级	设置气体报警装置，加强检查	《市政工程施工安全检查标准》(CJJ/T 275—2018) 第7.3.4条：顶管一般项目的检查评定应符合下列规定： 1. 降水、排泥与通风应符合下列规定： 6）管道内应设置有毒有害气体检测报警装置

续表

序号	风险源（点）	可能发生的事故类型	风险分级	主要防范措施（工程技术、管理、培训教育、个体防护、应急处置措施）	相 关 文 件
32	降排水及通风	地层中存在有害气体时未采用封闭式顶管机	中毒	三级	采用封闭式机械，做好有害气体监测	《市政工程施工安全检查标准》（CJJ/T 275—2018） 第7.3.4条：顶管一般项目的检查评定应符合下列规定： 1. 降水、排泥与通风应符合下列规定： 7）地层中存在有害气体时必须采用封闭式顶管机，并应增大通风量
33	安全防护	工作井周边未按标准要求设置防护栏杆或栏杆设置不符合标准要求	高处坠落、物体打击	四级	设置符合要求的防护栏杆	《市政工程施工安全检查标准》（CJJ/T 275—2018） 第7.3.4条：顶管一般项目的检查评定应符合下列规定： 2. 安全防护应符合下列规定： 1）工作井周边应设置防护栏杆。 《给水排水管道工程施工及验收规范》（GB 50268—2008） 第6.2.3条：工作井施工应遵守下列规定： 6. 在地面井口周围应设置安全防护栏、防汛墙和防雨措施
34	安全防护	作业区未设置警示标志、警戒区域	机械伤害	四级	设置警示标志、警戒区域	《市政工程施工安全检查标准》（CJJ/T 275—2018） 第7.3.4条：顶管一般项目的检查评定应符合下列规定： 2. 安全防护应符合下列规定： 2）作业区域应设置警示标志和警戒区域
35	安全防护	工作井内未按标准要求设置人员上下的安全通道	高处坠落	四级	设置人员上下通道	《市政工程施工安全检查标准》（CJJ/T 275—2018） 第7.3.4条：顶管一般项目的检查评定应符合下列规定： 2. 安全防护应符合下列规定：

续表

序号	风险源（点）		可能发生的事故类型	风险分级	主要防范措施（工程技术、管理、培训教育、个体防护、应急处置措施）	相 关 文 件
35	安全防护	工作井内未按标准要求设置人员上下的安全通道	高处坠落	四级	设置人员上下通道	4）工作井内应设置人员上下的专用梯道，梯道应牢固并保持畅通。 《给水排水管道工程施工及验收规范》（GB 50268—2008） 第6.2.3条：工作井施工应遵守下列规定： 7. 井内应设置便于上、下的安全通道
36	安全防护	降水井口未设置防护盖板或围栏	高处坠落	四级	设置防护盖板或围栏	《市政工程施工安全检查标准》（CJJ/T 275—2018） 第7.3.4条：顶管一般项目的检查评定应符合下列规定： 2. 安全防护应符合下列规定： 5）降水井口应设置防护盖板或围栏，并应设置明显的警示标志
37	拆除	工作井洞口封门拆除不符合相关规定	坍塌	四级	进行安全技术交底，按照专项施工方案要求进行拆除作业，加强安全检查	专项施工方案 《市政工程施工安全检查标准》（CJJ/T 275—2018） 第7.3.4条：顶管一般项目的检查评定应符合下列规定： 3. 顶管设施拆除应符合下列规定： 1）工作井洞口封门拆除应符合国家现行相关标准要求。 《给水排水管道工程施工及验收规范》（GB 50268—2008） 第6.3.6条：顶管进、出工作井时应根据工程地质和水文地质条件、埋设深度、周围环境和顶进方法，选择技术经济合理的技术措施，并应符合下列规定： 4. 工作井洞口封门拆除应符合下列规定：

续表

序号	风险源（点）		可能发生的事故类型	风险分级	主要防范措施（工程技术、管理、培训教育、个体防护、应急处置措施）	相 关 文 件
37	拆除	工作井洞口封门拆除不符合相关规定	坍塌	四级	进行安全技术交底，按照专项施工方案要求进行拆除作业，加强安全检查	1）钢板桩工作井时，可拔起或切割钢板桩露出洞口，并采取措施防止洞口上方的钢板桩下落； 2）工作井的围护结构为沉井时，应先拆除洞圈内侧的临时封门，再拆除井壁外侧的封板或其他封填物； 3）在不稳定土层中顶管时，封门拆除后应将顶管机立即顶入土层； 5.拆除封门后，顶管机应连续顶进，直至洞口及止水装置发挥作用为止
38	拆除	工程顶管施工完成后，提升设备、顶进设备未按施工方案拆除顺序拆除	坍塌、机械伤害	四级	进行安全技术交底，按照专项施工方案要求进行拆除作业，加强安全检查	专项施工方案 《市政工程施工安全检查标准》（CJJ/T 275—2018） 第7.3.4条：顶管一般项目的检查评定应符合下列规定： 3.顶管设施拆除应符合下列规定： 2）顶管施工完成后，提升设备、顶进设备拆除顺序应符合专项施工方案的要求
39	拆除	机械拆除的施工载荷大于支护结构承载力	坍塌	四级	减轻施工荷载，进行安全技术交底，加强安全检查	《市政工程施工安全检查标准》（CJJ/T 275—2018） 第7.3.4条：顶管一般项目的检查评定应符合下列规定： 3.顶管设施拆除应符合下列规定： 3）机械拆除时，施工荷载不应超过工作井支护结构承载力

4.8 金属结构制作与设备安装

金属结构制作与设备安装风险管控清单（表4-8）的制定参考了《水利水电工程施工通用安全技术规程》（SL 398—2007）、《水利水电工程机电设备安装安全技术规程》（SL 400—2016）、《水利水电工程施工作业人员安全操作规程》（SL 401—2007）、《水利水电工程金属结构制作与安装技术规程》（SL/T 780—2020）、《建筑与市政施工现场安全卫生与职业健康通用规范》（GB 55034—2022）、《水利水电工程施工安全防护设施技术规范》（SL 714—2015）、《水利工程建设项目生产安全重大事故隐患清单指南（2023年版）》。

表4-8　　　　金属结构制作与设备安装风险管控清单

序号	风险源（点）	可能发生的事故类型	风险分级	主要防范措施（工程技术、管理、培训教育、个体防护、应急处置措施）	相关文件
1	金属结构制作	金属结构制作未编制工艺技术文件，未编制专项技术方案和安全技术措施并经审批	坍塌、高处坠落、物体打击、火灾、爆炸、中毒、窒息	二级	编制工艺技术文件、专项施工方案和安全专项技术措施并审批，进行方案和安全技术交底，并对方案执行情况开展检查	《水利水电工程金属结构制作与安装技术规程》（SL/T 780—2020）第4.1.1条：金属结构制作前应编制工艺技术文件，重大件组装、吊装、运输以及安全风险较大的作业应编制专项技术方案和安全技术措施并经审批
2	金属结构制作	金属结构构件存放无防倾倒措施	物体打击	三级	采取防倾倒措施，加强安全检查	《水利水电工程金属结构制作与安装技术规程》（SL/T 780—2020）第4.6.6条：产品存放支垫应稳定，并采取有效的措施防止构件倾倒或变形，当需要叠层堆放时，层间加垫应用枕木或木板材料
3	金属结构安装	金属结构吊装不符合要求	高处坠落、起重伤害	二级	按规范、规程要求进行吊装作业，加强安全检查	《水利水电工程金属结构制作与安装技术规程》（SL/T 780—2020）第4.1.4条：吊运作业应符合下列规定：

续表

序号	风险源（点）	可能发生的事故类型	风险分级	主要防范措施（工程技术、管理、培训教育、个体防护、应急处置措施）	相关文件
3	金属结构安装	金属结构吊装不符合要求	高处坠落、起重伤害	二级	按规范、规程要求进行吊装作业，加强安全检查	1. 吊装作业应划定作业区域，设置安全标志。 2. 钢板吊运时，应采用专用起吊器具平吊，不得超负荷使用吊具。 3. 翻料时，材料翻转范围严禁站人，并不得歪拉斜吊。 4. 零部件吊运时，起重指挥信号应明确，起重吊具应依据工件大小、重量正确选择使用。 5. 吊装作业时，途经位置下方人员必须撤离。 6. 起吊构件时，应保证构件重心与钩在同一垂线上。 7. 拆除作业宜按照拼装流程的倒序进行，对于难度大、危险性大的拆除作业应制定专项安全技术方案并经审批，组织技术交底后方可实施。 《水利水电工程施工作业人员安全操作规程》（SL 401—2007） 第 4.1.12 条：司机应做到"十不吊"。即在有下列情况之一发生时，操作人员应拒绝吊运： 1. 捆绑不牢、不稳的货物。 2. 吊运物品上有人。 3. 起吊作业需要超过起重机的规定范围时。 4. 斜拉重物。 5. 物体重量不明或被埋压。 6. 吊物下方有人时。 7. 指挥信号不明或没有统一指挥时。 8. 作业场所不安全，可能触及输电线路、建筑物或其他物体。

续表

序号	风险源（点）	可能发生的事故类型	风险分级	主要防范措施（工程技术、管理、培训教育、个体防护、应急处置措施）	相 关 文 件
3	金属结构安装	金属结构吊装不符合要求	高处坠落、起重伤害	二级	按规范、规程要求进行吊装作业，加强安全检查	9.吊运易燃、易爆品没有安全措施时。 10.起吊重要大件或采用双机抬吊，没有安全措施，未经批准时。 《建筑与市政施工现场安全卫生与职业健康通用规范》（GB 55034—2022） 第3.4.1条：吊装作业前应设置安全保护区域及警示标识，吊装作业时应安排专人监护，防止无关人员进入，严禁任何人在吊物或起重臂下停留或通过
4	金属结构安装	闸门、钢管上的吊耳板、焊缝未经检查检测和强度验算投入使用	起重伤害、物体打击	一级	暂停施工，经检测合格和强度验算满足要求后方可投入使用	《水利工程建设项目生产安全重大事故隐患清单指南（2023年版）》
5	金属结构安装	大中型水利水电工程金属结构施工采用临时钢梁、龙门架、天锚起吊闸门、钢管前，未对其结构和吊点进行设计计算、履行审批审查验收手续，未进行相应的负荷试验	起重伤害	一级	暂停施工，履行相关手续，满足要求后方可使用	《水利工程建设项目生产安全重大事故隐患清单指南（2023年版）》
6	金属结构焊接与切割	在油漆未干的结构和其他物体上进行焊接与切割，在混凝土地面上直接进行切割	火灾	三级	进行安全技术交底，按规范、规程要求进行焊接与切割作业，加强安全检查	《水利水电工程施工通用安全技术规程》（SL 398—2007） 第9.1.7条：禁止在油漆未干的结构和其他物体上进行焊接与切割。禁止在混凝土地面上进行切割

续表

序号	风险源（点）	可能发生的事故类型	风险分级	主要防范措施（工程技术、管理、培训教育、个体防护、应急处置措施）	相 关 文 件
7	金属结构焊接与切割	在易燃易爆区从事焊割作业	火灾、爆炸	二级	立即停止作业，进行安全技术交底，开展培训教育，加强安全检查	《水利水电工程施工通用安全技术规程》（SL 398—2007）第9.1.8条：严禁在贮存易燃易爆的液体、气体、车辆、容器等的库区内从事焊割作业
8	金属结构焊接与切割	将行灯变压器及焊机调压器带入金属容器内	触电	三级	立即停止作业，进行安全技术交底，开展培训教育	《水利水电工程施工通用安全技术规程》（SL 398—2007）第9.1.14条：严禁将行灯变压器及焊机调压器带入金属容器内
9	金属结构焊接与切割	风力超过5级时，露天进行焊割作业	火灾	四级	立即停止作业，进行安全技术交底，开展培训教育	《水利水电工程施工通用安全技术规程》（SL 398—2007）第9.1.16条：风力超过5级时禁止在露天进行焊接或气割。风力5级以下，3级以上时应搭设挡风屏，以防止火星飞溅引起的火灾
10	金属结构焊接与切割	使用的焊接设备不合规	触电、火灾	三级	清退不符合要求的焊接设备，进行技术交底，配置符合要求的焊接设备，加强检查	《水利水电工程施工通用安全技术规程》（SL 398—2007）第9.2.2条：焊接设备 1. 电弧焊电源应有独立而容量足够的安全控制系统，如熔断器或自动断电装置、漏电保护装置等。控制装置应能可靠地切断设备最大额定电流。 2. 电弧焊电源熔断器应单独装置，严禁两台或以上的电焊机共用一组熔断器。熔断丝应根据焊机工作的最大电流来选定，严禁使用其他金属丝代替。 3. 焊接设备应设置在固定或移动式的工作台上，电弧焊机的金属机壳应有可靠的独立的保护接地或保护接零装置。焊机的结构应牢固和便于维修，各个接线点和连接件应连接牢靠且接触良好，不应出现松动或松脱现象。

续表

序号	风险源（点）	可能发生的事故类型	风险分级	主要防范措施（工程技术、管理、培训教育、个体防护、应急处置措施）	相关文件
10	金属结构焊接与切割	使用的焊接设备不合规	触电、火灾	三级	清退不符合要求的焊接设备，进行技术交底，配置符合要求的焊接设备，加强检查	4. 电弧焊机所有带电的外露部分应有完好的隔离防护装置。焊机的接线桩、极板和接线端应有防护罩。 5. 电焊把线应采用绝缘良好的橡皮软导线，其长度不应超过50m。 6. 焊接设备使用的空气开关、磁力启动器及熔断器等电气元件应装在木制开关板或绝缘性能良好的操作台上，严禁直接装在金属板上。 7. 露天工作的焊机应设置在干燥和通风的场所，其下方应防潮且高于周围地面，上方应设棚遮盖和有防砸措施
11	金属结构焊接与切割	气瓶使用、储存不合规	火灾、爆炸	三级	按规范、规程使用、存储气瓶，加强检查	《水利水电工程施工通用安全技术规程》（SL 398—2007） 第9.7.2条：氧气、乙炔气瓶的使用应遵守下列规定： 1. 气瓶应放置在通风良好的场所，必应靠近热源和电气设备，与其他易燃易爆物品或火源的距离一般不应小于10m。 2. 露天使用氧气、乙炔气时，冬季应防止冻结，夏季应防止阳光直接曝晒。 3. 氧气瓶严禁沾染油脂，检查气瓶口是否有漏气时可用肥皂水涂在瓶口上试验，严禁用烟头或明火试验。 4. 氧气、乙炔气瓶如果漏气应立即搬到室外，并远离火源。搬动时手不可接触气瓶嘴。

续表

序号	风险源（点）	可能发生的事故类型	风险分级	主要防范措施（工程技术、管理、培训教育、个体防护、应急处置措施）	相 关 文 件
11	金属结构焊接与切割 气瓶使用、存储不合规	火灾、爆炸	三级	按规范、规程使用、存储气瓶，加强检查	5. 开氧气、乙炔气阀时，工作人员应站在阀门连接的侧面，并缓慢开放，不应面对减压表，以防发生意外事故。使用完毕后应立即将瓶嘴的保护罩旋紧。 6. 氧气瓶中的氧气不允许全部用完至少应留有 0.1～0.2MPa 的剩余压力，乙炔瓶内气体也不应用尽，应保持 0.05MPa 的余压。 7. 乙炔瓶在使用、运输和储存时，环境温度不宜超过 40℃。 8. 乙炔瓶应保持直立放置，使用时要注意固定，并应有防止倾倒的措施，严禁卧放使用。卧放的气瓶竖起来后需待 20min 后方可输气。 9. 工作地点不固定且移动较频繁时，应装在专用小车上；同时使用乙炔瓶和氧气瓶时，应保持一定安全距离。 10. 严禁铜、银、汞等及其制品与乙炔产生接触，应使用铜合金器具其含铜量应低于 70%。 第 10.5.2 条：气瓶的防护装置，如瓶帽、瓶帽上的泄气孔及气瓶上应有两个防震圈，且完整、可靠。 《建筑与市政施工现场安全卫生与职业健康通用规范》（GB 55034—2022） 第 3.11.1 条：柴油、汽油、氧气瓶、乙炔气瓶、煤气罐等易燃、易爆液体或气体容器应轻拿轻放，严禁暴力抛掷，并应设置专门的存储场所，严禁存放在住人用房。 第 3.11.7 条：压力容器及其附件应合格、完好和有效。严禁使用减压器或其他附件缺损的氧气瓶。严禁使用乙炔专用减压器、回火防止器或其他附件缺损的乙炔气瓶

续表

序号	风险源（点）	可能发生的事故类型	风险分级	主要防范措施（工程技术、管理、培训教育、个体防护、应急处置措施）	相 关 文 件
12	金属结构焊接与切割	焊接和气割场所无消防设施	火灾	四级	按规范、规程要求配置消防设施	《水利水电工程施工通用安全技术规程》（SL 398—2007） 第9.1.4条：焊接和气割的场所，应设有消防设施，并应保证其处于完好状态。焊工应熟练掌握其使用方法，能够准确使用
13	金属结构焊接与切割	高处动火作业未采取安全措施	火灾、高处坠落	二级	按规范、规程要求采取安全措施，加强安全检查	《水利水电工程施工通用安全技术规程》（SL 398—2007） 第5.2.10条：高处作业时，应对下方易燃、易爆物品进行清理和采取相应措施后，方可进行电焊、气焊等动火作业，并应配备消防器材和专人监护
14	金属结构焊接与切割	焊接及切割作业人员违规操作	火灾	三级	加强焊接及切割作业人员的安全教育与培训，加强安全检查	《水利水电工程施工作业人员安全操作规程》（SL 401—2007） 第9.1.5条：焊接及切割作业应遵守下列规定： 1. 作业前应了解焊接与热切割工艺技术以及周围环境情况，并应对焊、割机具作工前检查，严禁盲目施工。 2. 工作面应设置防弧光和电火花的挡板或围屏。 3. 严禁在易燃易爆场所和盛装有可燃液体或可燃气体的容器上进行焊、割作业。 4. 焊、割盛装过可燃液体或气体的容器时，应事先对容器清洗干净，并打开容器孔盖，确认容器内无易燃液体或易燃气体后，方可作业。 5. 在密闭或半密闭的工件内焊、割作业，宜有2个以上通风口，并应设专人监护。

续表

序号	风险源（点）	可能发生的事故类型	风险分级	主要防范措施（工程技术、管理、培训教育、个体防护、应急处置措施）	相 关 文 件
14	金属结构焊接与切割	焊接及切割作业人员违规操作	火灾	三级	加强焊接及切割作业人员的安全教育与培训，加强安全检查	6. 焊、割作业燃气瓶、氧气瓶之间的距离应不小于5m，气瓶与火源（火点）的距离应不小于10m。 7. 焊、割后的灼热工件不应堆放在电焊钳（把）线、焊枪软管旁，也不应将电焊钳（把）线与焊枪软管绞在一起。 8. 作业过程中不应将焊接电缆、气带等缠绕在自己的身上或踩在脚下。 9. 作业完成后，应切断电源和气源，盘收电焊钳（把）线和焊枪软管，清扫工作场地，做到工完场清。 《建筑与市政施工现场安全卫生与职业健康通用规范》（GB 55034—2022） 第 3.2.4 条：严禁在未固定、无防护设施的构件及管道上进行作业或通行
15	金属结构防腐涂装	各类有毒有害材料，混合存放	火灾、中毒爆炸、其他伤害	二级	消除隐患，进行安全技交底，加强安全检查	《水利水电工程金属结构制作与安装技术规程》（SL/T 780—2020） 第 5.2.1 条：各类油漆、稀释剂以及其他易燃有毒有害材料，应在专门储藏库房内存放，不得与其他材料混放；库房与其他建筑物的距离应符合（SL 398—2007）的有关规定。存储库房的设计、施工应符合有关防火标准的规定
16	金属结构防腐涂装	涂装现场有明火作业	火灾、爆炸	三级	立即停止作业，进行安全技术交底，开展培训教育，加强安全检查	《水利水电工程金属结构制作与安装技术规程》（SL/T 780—2020） 第 5.1.6 条：油漆涂装作业周围不得有火种。

续表

序号	风险源（点）	可能发生的事故类型	风险分级	主要防范措施（工程技术、管理、培训教育、个体防护、应急处置措施）	相关文件
16	金属结构防腐涂装	涂装现场有明火作业	火灾、爆炸	三级	立即停止作业，进行安全技术交底，开展培训教育，加强安全检查	第5.3.8条：喷漆室所在建筑物应按（GB 50140—2023）的规定配置足够的消防器材，喷漆区内不应设置有引起明火、火花的设备和超过喷涂涂料自燃点温度的设备。在维修喷漆室动用明火时，应履行动火审批手续，并彻底清除室内和排风管道内的可燃残留物。 第5.5.2条：油漆喷涂现场不得焊接、切割、吸烟或点火，不得使用金属棒搅拌油漆 第5.6.6条：喷涂设备中的氧气、乙炔气瓶及其管道附近不得有烟火和其他可燃性物质，应远离火源和高温作业区。操作时应防止冲击摩擦产生火花，移动时应避免敲击和撞击。氧气、乙炔瓶的温度不得过高，否则应用水强制冷却。氧气和乙炔停用时应关闭瓶阀。若气瓶有污染应用四氯化碳清洗干净。 《水利水电工程机电设备安装安全技术规程》（SL 400—2016） 第5.2.10条：尾水管防腐涂漆应符合下列规定： 3. 尾水管里衬防腐涂漆时，现场严禁有明火作业
17	金属结构防腐涂装	金属热喷涂人员劳动防护用品不符合规范要求	中毒、窒息	二级	进行安全技术交底，按规范、规程要求为作业人员配备适合、合格的劳动防护用品	《水利水电工程金属结构制作与安装技术规程》（SL/T 780—2020） 第5.5.4条：在半封闭的空间内喷涂，应戴供气式头罩或过滤式防毒面具，并应有专人监护，作业人员如有头晕、头痛、恶心、呕吐等不适感觉，应停止工作。 第5.6.1条：喷涂人员应穿戴供气式防护服以及其他防护用品，操作地点应通风良好，喷涂人员不得面对喷涂气流

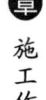

续表

序号	风险源（点）		可能发生的事故类型	风险分级	主要防范措施（工程技术、管理、培训教育、个体防护、应急处置措施）	相 关 文 件
18	金属结构防腐涂装	喷涂作业通风不良，无专人监护	中毒、窒息	三级	进行安全技术交底，按规范、规程采取通风措施并配备专人监护	《水利水电工程金属结构制作与安装技术规程》（SL/T 780—2020） 第 5.3.2 条：涂装作业场所应设置充分的通风和去除漆雾装置，满足规定的安全通风和有效通风的要求。 第 5.6.10 条：在容器内进行喷涂时，应保持通风，容器内应无易燃、易爆物品及有毒气体，容器外应有专人监护。 《水利水电工程机电设备安装安全技术规程》（SL 400—2016） 第 5.2.10 条：尾水管防腐涂漆应符合下列规定： 3. 防腐施工时，施工人员应配备防毒面具及其他防护用具，现场应设置通风及除尘等设施
19	机电、电气设备安装	设备、管道内部涂装和衬里作业时未采取防爆措施	火灾、爆炸	三级	进行安全技术交底，设备、管道内部涂装和衬里作业时应采取防爆措施	《建筑与市政施工现场安全卫生与职业健康通用规范》（GB 55034—2022） 第 3.11.5 条：设备、管道内部涂装和衬里作业时，应采用防爆型电气设备和照明器具，并应采取防静电保护措施。可燃性气体、蒸汽和粉尘浓度应控制在可燃烧极限和爆炸下限的 10% 以下
20	机电、电气设备安装	机组安装现场未对预留进人孔、排水孔等孔洞采取安全防护措施	高处坠落	四级	进行安全技术交底，孔洞按规范、规程采取安全防护措施	《水利水电工程施工安全防护设施技术规范》（SL 714—2015） 第 11.1.2 条：机组安装现场对预留进人孔、排水孔、吊物孔、放空阀、排水阀、预留管道口等孔洞应加防护栏杆或盖板封闭

续表

序号	风险源（点）		可能发生的事故类型	风险分级	主要防范措施（工程技术、管理、培训教育、个体防护、应急处置措施）	相 关 文 件
21	机电、电气设备安装	电气设备的高压试验安全防护措施不合规	触电	四级	进行安全技术交底，电气设备的高压试验按规范、规程采取安全防护措施	《水利水电工程施工安全防护设施技术规范》（SL 714—2015）第11.2.6条：高压试验现场应设围栏，拉安全绳，并悬挂警告标志。高压试验设备外壳应接地良好（含试验仪器），接地电阻不得大于4Ω
22	机电、电气设备安装	水轮发电机组运行区域与施工区域未隔离、无人看守	机械伤害	四级	进行安全技术交底，设置隔离区、专人监护，加强安全检查	《水利水电工程施工安全防护设施技术规范》（SL 714—2015）第11.3.1条：水轮发电机组整个运行区域与施工区域之间必须设安全隔离围栏，在围栏入口处应设专人看守，并挂"非运行人员免进"的标志牌，在高压带电设备上应挂"高压危险""请勿合闸"等标志牌
23	机电、电气设备安装	非电气人员安装、检修电气设备	触电	四级	进行安全技术交底，非电气人员不得安装、检修电气设备，加强安全检查	《水利水电工程施工作业人员安全操作规程》（SL 401—2007）第2.0.20条：严禁非电气人员安装、检修电气设备。严禁在电线上挂晒衣服及其他物品
24	机电、电气设备安装	未落实有（受）限空间作业安全措施	中毒、窒息	三级	进行安全技术交底，开展安全培训教育，严格按照限空间要求做好安全防护措施，加强安全检查	《水利水电工程施工作业人员安全操作规程》（SL 401—2007）第2.0.12条：洞内作业前，应检查有害气体的浓度，当有害气体的浓度超过规定标准时，应及时排除。《水利水电工程机电设备安装安全技术规程》（SL 400—2016）第5.12.1条：蝴蝶阀和球阀安装应符合下列规定：5. 蝴蝶阀和球阀动作试验前，应检查钢管内和活门附近有无障碍物及人员。试验时应在进人门处挂"禁止入内"警示标志，并设专人监护。

续表

序号	风险源（点）		可能发生的事故类型	风险分级	主要防范措施（工程技术、管理、培训教育、个体防护、应急处置措施）	相 关 文 件
24	机电、电气设备安装	未落实有（受）限空间作业安全措施	中毒、窒息	三级	进行安全技术交底，开展安全培训教育，严格按照有限空间要求做好安全防护措施，加强安全检查	6. 进入蝴蝶阀和球阀、钢管内检查或工作时，应关闭油源，投入机械锁锭，并挂上"有人工作，禁止操作"警示标志，并设专人监护。 第11.1.7条：尾水管、蜗壳内和水轮机过流面进行环氧砂浆作业时，应有相应的防火、防毒设施并设置安全防护栏杆和警告标志。 《建筑与市政施工现场安全卫生与职业健康通用规范》（GB 55034—2022） 第3.9.3条：受限或密闭空间作业前，应按照氧气、可燃性气体、有毒有害气体的顺序进行气体检测。当气体浓度超过安全允许值时，严禁作业
25	机电、电气设备安装	吊装作业不规范	起重伤害、高处坠落	二级	进行安全技术交底，开展安全培训教育，按规范、规程要求进行吊装作业，加强安全检查	《水利水电工程金属结构制作与安装技术规程》（SL/T 780—2020） 第4.1.4条：吊运作业应符合下列规定： 1. 吊装作业应划定作业区域，设置安全标志。 2. 钢板吊运时，应采用专用起吊器平吊，不得超负荷使用吊具。 3. 翻料时，材料翻转范围严禁站人，并不得歪拉斜吊。 4. 零部件吊运时，起重指挥信号应明确，起重吊具应依据工件大小、重量正确选择使用。 5. 吊装作业时，途经位置下方人员必须撤离。 6. 起吊构件时，应保证构件重心与钩在同一垂线上。

续表

序号	风险源（点）	可能发生的事故类型	风险分级	主要防范措施（工程技术、管理、培训教育、个体防护、应急处置措施）	相 关 文 件
25	机电、电气设备安装 吊装作业不规范	起重伤害、高处坠落	二级	进行安全技术交底，开展安全培训教育，按规范、规程要求进行吊装作业，加强安全检查	7. 拆除作业宜按照拼装流程的倒序进行，对于难度大、危险性大的拆除作业应制定专项安全技术方案并经审批，组织技术交底后方可实施。 《水利水电工程施工作业人员安全操作规程》（SL 401—2007） 第4.1.12条：司机应做到"十不吊"。即在有下列情况之一发生时，操作人员应拒绝吊运： 1. 捆绑不牢、不稳的货物。 2. 吊运物品上有人。 3. 起吊作业需要超过起重机的规定范围时。 4. 斜拉重物。 5. 物体重量不明或被埋压。 6. 吊物下方有人时。 7. 指挥信号不明或没有统一指挥时。 8. 作业场所不安全，可能触及输电线路、建筑物或其他物体。 9. 吊运易燃、易爆品没有安全措施时。 10. 起吊重要大件或采用双机抬吊，没有安全措施，未经批准时。 《建筑与市政施工现场安全卫生与职业健康通用规范》（GB 55034—2022） 第3.4.1条：吊装作业前应设置安全保护区域及警示标识，吊装作业时应安排专人监护，防止无关人员进入，严禁任何人在吊物或起重臂下停留或通过

续表

序号	风险源（点）		可能发生的事故类型	风险分级	主要防范措施（工程技术、管理、培训教育、个体防护、应急处置措施）	相关文件
26	其他	蜗壳、机坑里衬安装时，搭设的施工平台（组装）未经检查验收即投入使用；在机坑中进行电焊、气割作业（如水机室、定子组装、上下机架组装）时，未设置隔离防护平台或铺设防火布，现场未配备消防器材	高处坠落、坍塌、火灾	一级	暂停施工，验收、采取措施、配备器具，消除隐患，满足要求后方可进行下一步施工	《水利工程建设项目生产安全重大事故隐患清单指南（2023年版）》

4.9 起重吊装

起重吊装施工安全风险管控清单（表4-9）的制定参考了《建设工程安全生产管理条例》、《特种设备安全监察条例》、《建筑起重机械安全监督管理规定》（中华人民共和国建设部令第166号）、《建筑与市政施工现场安全卫生与职业健康通用规范》（GB 55034—2022）、《市政工程施工安全检查标准》（CJJ/T 275—2018）、《建筑机械使用安全技术规程》（JGJ 33—2012）、《建筑施工塔式起重机安装、使用、拆卸安全技术规程》（JGJ 196—2010）、《起重机 钢丝绳 保养、维护、检验和报废》（GB/T 5972—2023）、《施工现场机械设备检查技术规范》（JGJ 160—2016）、《建筑施工起重吊装工程安全技术规范》（JGJ 276—2012）、《房屋市政工程生产安全重大事故隐患判定标准（2024版）》、《水利工程建设项目生产安全重大事故隐患清单指南（2023年版）》。

表 4-9　　　　　　　　　　起重吊装施工安全风险管控清单

序号	风险源（点）	可能发生的事故类型	风险分级	主要防范措施（工程技术、管理、培训教育、个体防护、应急处置措施）	相 关 文 件
1	专项施工方案	采用非常规起重设备、方法，且单件起吊重量在 100kN 及以上的起重吊装工程未编制专项施工方案或方案未经论证	起重伤害	一级	暂停施工，编制专项施工方案，组织专家论证，进行方案和安全技术交底，按专项施工方案施工，并对方案执行情况开展检查	《危险性较大的分部分项工程安全管理规定》（中华人民共和国住房和城乡建设部令第 37 号） 第十二条：对于超过一定规模的危大工程，施工单位应当组织召开专家论证会对专项施工方案进行论证。实行施工总承包的，由施工总承包单位组织召开专家论证会。专家论证前专项施工方案应当通过施工单位审核和总监理工程师审查
2	专项施工方案	起重量 300kN 及以上的起重设备安装工程未编制专项施工方案或方案未经论证	起重伤害	一级	暂停施工，编制专项施工方案，组织专家论证，进行方案和安全技术交底，按专项施工方案施工，并对方案执行情况开展检查	《危险性较大的分部分项工程安全管理规定》（中华人民共和国住房和城乡建设部令第 37 号） 第十二条：对于超过一定规模的危大工程，施工单位应当组织召开专家论证会对专项施工方案进行论证。实行施工总承包的，由施工总承包单位组织召开专家论证会。专家论证前专项施工方案应当通过施工单位审核和总监理工程师审查
3	专项施工方案	采用非常规起重设备、方法，且单件起重量在 10kN 及以上的起重吊装工程未编制专项施工方案	起重伤害	二级	编写专项施工方案，进行方案和安全技术交底，按专项施工方案施工，并对方案执行情况开展检查	《危险性较大的分部分项工程安全管理规定》（中华人民共和国住房和城乡建设部令第 37 号） 第十条：施工单位应当在危大工程施工前组织工程技术人员编制专项施工方案
4	专项施工方案	采用起重机械进行安装的工程未编制专项施工方案	起重伤害	二级	编写专项施工方案，进行方案和安全技术交底，按专项施工方案施工，并对方案执行情况开展检查	《危险性较大的分部分项工程安全管理规定》（中华人民共和国住房和城乡建设部令第 37 号） 第十条：施工单位应当在危大工程施工前组织工程技术人员编制专项施工方案

续表

序号	风险源（点）		可能发生的事故类型	风险分级	主要防范措施（工程技术、管理、培训教育、个体防护、应急处置措施）	相 关 文 件
5	专项施工方案	起重机械设备自身的安装、拆卸未编制专项施工方案	起重伤害	二级	编写专项施工方案，进行方案和安全技术交底，按专项施工方案施工，并对方案执行情况开展检查	《危险性较大的分部分项工程安全管理规定》（中华人民共和国住房和城乡建设部令第37号） 第十条：施工单位应当在危大工程施工前组织工程技术人员编制专项施工方案
6	专项施工方案	起重吊装专项施工方案编制内容不全、无针对性；专项方案实施前未进行安全技术交底，交底无针对性或无文字记录	起重伤害	四级	开展安全检查，修编专项施工方案，进行方案和安全技术交底，按专项施工方案施工，并对方案执行情况开展检查	《建筑施工起重吊装工程安全技术规范》（JGJ 276—2012） 第3.0.1条：起重吊装作业前，必须编制吊装作业的专项施工方案，并应进行安全技术措施交底；作业中，未经技术负责人批准，不得随意更改
7	一般规定	起重机械未按规定经有相应资质的单位安装（拆除）或未经有相应资质的检验检测机构检验合格后投入使用	起重伤害	一级	暂停施工，经第三方检验合格后方可投入使用	《水利工程建设项目生产安全重大事故隐患清单指南（2023年版）》 《建设工程安全生产管理条例》 第三十五条：施工单位在使用施工起重机械和整体提升脚手架、模板等自升式架设设施前，应当组织有关单位进行验收，也可以委托具有相应资质的检验检测机构进行验收；使用承租的机械设备和施工机具及配件的，由施工总承包单位、分包单位、出租单位和安装单位共同进行验收。验收合格的方可使用。 《特种设备安全监察条例》 施工起重机械，在验收前应当经有相应资质的检验检测机构监督检验合格。施工单位应当自施工起重机械和整体提升脚手架、模板等自升式架设设施验收合格之日起30日内，向建设行政主管部门或者其他有关部门登记。登记标志应当置于或者附着于该设备的显著位置

续表

序号	风险源（点）	可能发生的事故类型	风险分级	主要防范措施（工程技术、管理、培训教育、个体防护、应急处置措施）	相 关 文 件
8	一般规定	塔式起重机、施工升降机、物料提升机等起重机械设备未经验收合格即投入使用，或未按规定办理使用登记	起重伤害	一级	暂停施工，组织验收，经第三方检验，办理使用登记	《房屋市政工程生产安全重大事故隐患判定标准（2024版）》 《建设工程安全生产管理条例》 第三十五条：施工单位在使用施工起重机械和整体提升脚手架、模板等自升式架设设施前，应当组织有关单位进行验收，也可以委托具有相应资质的检验检测机构进行验收；使用承租的机械设备和施工机具及配件的，由施工总承包单位、分包单位、出租单位和安装单位共同进行验收。验收合格的方可使用。 《特种设备安全监察条例》规定施工起重机械，在验收前应当经有相应资质的检验检测机构监督检验合格。 施工单位应当自施工起重机械和整体提升脚手架、模板等自升式架设设施验收合格之日起30日内，向建设行政主管部门或者其他有关部门登记。登记标志应当置于或者附着于该设备的显著位置。 《建筑起重机械安全监督管理规定》（中华人民共和国建设部令第166号） 第十七条：使用单位应当自建筑起重机械安装验收合格之日起30日内，将建筑起重机械安装验收资料、建筑起重机械安全管理制度、特种作业人员名单等，向工程所在地县级以上地方人民政府建设主管部门办理建筑起重机械使用登记。登记标志置于或者附着于该设备的显著位置

续表

序号	风险源（点）		可能发生的事故类型	风险分级	主要防范措施（工程技术、管理、培训教育、个体防护、应急处置措施）	相关文件
9	一般规定	起重机械的基础、附着符合使用说明书及专项施工方案要求，应有起重机械基础验收资料	起重伤害	四级	查验基础验收资料，满足起重机械使用说明书及专项施工方案要求后投入使用	《建筑起重机械安全监督管理规定》（中华人民共和国建设部令第166号）第二十条：建筑起重机械在使用过程中需要附着的，使用单位应当委托原安装单位或者具有相应资质的安装单位按照专项施工方案实施，并按照本规定第十六条规定组织验收。验收合格后方可投入使用。建筑起重机械在使用过程中需要顶升的，使用单位委托原安装单位或者具有相应资质的安装单位按照专项施工方案实施后，即可投入使用。禁止擅自在建筑起重机械上安装非原制造厂制造的标准节和附着装置。《建筑机械使用安全技术规程》（JGJ 33—2012）第4.1.8条：施工现场应提供符合起重机械作业要求的通道和电源等工作场地和作业环境。基础与地基承载力应满足起重机械的安全使用要求
10	一般规定	起重机械的安全装置不灵敏、可靠，主要承载结构不完好，结构的连接螺栓、销轴失效；机构、零部件、电气设备线路和元件不符合相关要求	起重伤害、触电	三级	开展安全检查，不符合要求时暂停使用，整改合格后方可使用	《建筑机械使用安全技术规程》（JGJ 33—2012）第4.1.11条：建筑起重机械的变幅限位器、力矩限制器、起重量限制器、防坠安全器、钢丝绳防脱装置、防脱钩装置以及各种行程位开关等安全保护装置，必须齐全有效，严禁随意调或拆除。严禁利用限器和限位装置代替操纵机构。第4.1.29条：建筑起重机械报废及超龄使用应符合国家现行有关规定

续表

序号	风险源（点）	可能发生的事故类型	风险分级	主要防范措施（工程技术、管理、培训教育、个体防护、应急处置措施）	相关文件
11	一般规定 / 未按要求定期检查与维护保养，无日常检查（包括吊具、索具）与整改记录、维护和保养记录	起重伤害	四级	进行安全技术交底，加强定期检查与维护保养，并做好记录	《建筑起重机械安全监督管理规定》（中华人民共和国建设部令第166号） 第十九条：使用单位应当对在用的建筑起重机械及其安全保护装置、吊具、索具等进行经常性和定期的检查、维护和保养，并做好记录。使用单位在建筑起重机械租期结束后，应当将定期检查、维护和保养记录移交出租单位。建筑起重机械租赁合同对建筑起重机械的检查、维护、保养另有约定的，从其约定。 《建筑机械使用安全技术规程》（JGJ 33—2012） 第2.0.6条：在工作中操作人员和配合作业人员必须按规定穿戴劳保护用品，长发应束紧不得外露。 第2.0.7条：操作人员在每班作业前，应对机械进行检查，机械使用前，应先试运转。 第2.0.8条：操作人员在作业过程中，应集中精力正确操作，注意机械工况，不得擅自离开工作岗位或将机械交给其他无证人员操作。无关人员不得进入作业区或操作室内。 第2.0.9条：操作人员应遵守机械有关保养规定，认真及时做好机械的例行保养，保持机械的完好状态。机械不得带病运转。 第4.1.3条：建筑起重机械的安全技术档案应包括下列内容： 第2款：定期检验报告、定期自行检查记录、定期维护保养记录维修和技术改造记录、运行故障和生产安全事故记录、累积运转记录等运行资料

续表

序号	风险源（点）		可能发生的事故类型	风险分级	主要防范措施（工程技术、管理、培训教育、个体防护、应急处置措施）	相 关 文 件
12	一般规定	建筑起重机械的地基基础承载力和变形不满足设计要求	起重伤害	一级	暂停施工，地基承载力和变形不满足要求时应采取加固措施，经验收合格后方可继续使用	《房屋市政工程生产安全重大事故隐患判定标准（2024版）》
13	一般规定	塔式起重机独立起升高度、附着间距和最高附着以上的最大悬高及垂直度不符合规范要求	起重伤害	一级	停止作业，进行安全技术交底，加强安全检查	《房屋市政工程生产安全重大事故隐患判定标准（2024版）》
14	一般规定	施工升降机附着间距和最高附着以上的最大悬高及垂直度不符合规范要求	起重伤害	一级	停止作业，进行安全技术交底，加强安全检查	《房屋市政工程生产安全重大事故隐患判定标准（2024版）》
15	一般规定	起重机械设备选择不符合设计或专项方案要求	起重伤害	三级	清退不符合要求的起重设备，新进场的起重设备验收合格后方可投入使用	《建筑施工起重吊装工程安全技术规范》（JGJ 276—2012）第4.1.3条：起重机的选择应满足起重量、起重高度、工作半径的要求，同时起重臂的最小杆长应满足跨越障碍物进行起吊时的操作要求
16	安全装置	起重机械未配备荷载、变幅等指示装置和荷载、力矩、高度、行程等限位、限制及连锁装置	起重伤害	一级	暂停使用，配齐安全装置，经验收合格后方可使用	《水利工程建设项目生产安全重大事故隐患清单指南（2023年版）》

续表

序号	风险源（点）	可能发生的事故类型	风险分级	主要防范措施（工程技术、管理、培训教育、个体防护、应急处置措施）	相 关 文 件
17	安全装置	隧洞竖（斜）井或沉井、人工挖孔桩井载人（货）提升机械未设置安全装置或安全装置不灵敏	起重伤害	一级	暂停施工，配齐安全装置，经验收合格后方可使用	《水利工程建设项目生产安全重大事故隐患清单指南（2023年版）》
18	安全装置	建筑起重机械的安全装置不齐全、失效或者被违规拆除、破坏	起重伤害	一级	暂停施工，进行安全技术交底，配齐安全装置，经验收合格后方可使用	《房屋市政工程生产安全重大事故隐患判定标准（2024版）》 《建筑与市政施工现场安全卫生与职业健康通用规范》（GB 55034—2022） 第3.6.3条：机械上的各种安全防护装置、保险装置、报警装置应齐全有效，不得随意更换、调整或拆除
19	安全装置	起重机械安装、拆卸、顶升加节以及附着前未对结构件、顶升机构和附着装置以及高强度螺栓、销轴、定位板等连接件及安全装置进行检查	起重伤害	一级	暂停施工，配齐安全装置，经验收合格后方可使用	《房屋市政工程生产安全重大事故隐患判定标准（2024版）》
20	安全装置	施工升降机防坠安全器超过定期检验有效期，标准节连接螺栓缺失或失效	起重伤害	一级	暂停施工，对防坠安全器进行检定，配齐连接螺栓，经验收合格后方可使用	《房屋市政工程生产安全重大事故隐患判定标准（2024版）》

续表

序号	风险源（点）	可能发生的事故类型	风险分级	主要防范措施（工程技术、管理、培训教育、个体防护、应急处置措施）	相 关 文 件
21	吊钩、滑轮、钢丝绳与锁具	吊钩规格、型号不符合产品说明书要求或达到报废标准	起重伤害	三级	清退不符合要求的吊钩，更换满足说明书或规范要求的吊钩	产品说明书《建筑机械使用安全技术规程》（JGJ 33—2012）第4.1.30条：建筑重机械的吊钩和吊环严禁补焊，出现下列情况之一时应更换：表面有裂纹、破口；危险断面及钩颈永久变形；挂绳处断面磨损超过高度10%；吊钩衬套磨损超过原厚度50%；销轴磨损超过其直径的5%
22	吊钩、滑轮、钢丝绳与锁具	滑轮、卷筒磨损达到报废标准	起重伤害	三级	清退不符合要求的滑轮、卷筒，更换符合要求的滑轮、卷筒	《建筑机械使用安全技术规程》（JGJ 33—2012）第4.1.32条：建筑起重机械制动轮的制动摩擦面不应有妨碍制动性能的缺陷或沾染油污。制动轮出现下列情况之一时，应作报废处理：裂纹；起升、变幅机构的制动轮，轮缘厚度磨损大于原厚度的40%；其他机构的制动轮，轮缘厚度磨损大于原厚度的50%；轮面凹凸不平度达1.5～2.0mm（小直径取小值，大直径取大值）
23	吊钩、滑轮、钢丝绳与锁具	钢丝绳的规格、型号不符合产品说明书要求或穿绕不正确，钢丝绳达到报废标准的	起重伤害	三级	清退不符合要求的钢丝绳，更换符合要求的钢丝绳	《起重机 钢丝绳 保养、维护、检验和报废》（GB/T 5972—2023）第6章：可见断丝、钢丝绳直径减小、断股（整股断裂）、腐蚀［钢丝表面重度凹痕以及钢丝松弛，腐蚀碎屑从外层绳股之间的股沟溢出、干燥钢丝和绳股之间的持续摩擦产生钢丝微粒的移动，然后是氧化，并产生形态为干粉（类似红铁粉）状的内部腐蚀碎屑］、畸形和损伤（波浪形、笼状畸形、绳芯或绳股突出或扭曲、钢丝的环状突出、绳径局部增大、局部扁平、扭结、折弯、热和电弧引起的损伤）

续表

序号	风险源（点）	可能发生的事故类型	风险分级	主要防范措施（工程技术、管理、培训教育、个体防护、应急处置措施）	相 关 文 件
24	吊钩、滑轮、钢丝绳与锁具	钢丝绳端部固接方式不符合国家现行相关标准要求	起重伤害	四级	进行安全技术交底，更改钢丝绳端部固接方式，满足国家现行相关标准	《建筑机械使用安全技术规程》(JGJ 33—2012) 第4.1.26条：钢丝绳采用编结固定时，编结部分的长度不得小于钢丝绳直径的20倍，并不应小于300mm，其编结部分应用细钢丝捆扎。当采用绳卡固接时，按钢丝绳直径匹配绳卡数量，直径小于18mm的最小绳卡数量3个，绳卡间距应为6~7倍钢丝绳直径，最后一个绳卡距绳头的长度不得小于140mm，绳卡滑鞍（夹板）应在钢丝绳承载时受力的一侧，U形螺栓应在钢丝绳的尾端，并宜拧紧到使用尾端钢丝绳受压处直径高度压扁1/3
25	吊钩、滑轮、钢丝绳与锁具	当吊钩处于最低端位置时，卷筒上钢丝绳少于3圈	起重伤害	四级	进行安全技术交底加强安全检查	《建筑机械使用安全技术规程》(JGJ 33—2012) 第4.1.25条：钢丝绳与卷筒应连接牢固，放出钢丝绳时，卷筒上应至少保留三圈，收放钢丝绳时应防止钢丝绳损坏、扭结、弯折和乱绳。 《市政工程施工安全检查标准》(CJJ/T 275—2018) 第8.4.3条：当吊钩处于最低位置时，卷筒上钢丝绳不应小于3圈
26	吊钩、滑轮、钢丝绳与锁具	卷筒上钢丝绳尾端固定方式不符合产品说明书要求或未设置安全可靠的固定装置	起重伤害	四级	进行安全技术交底对钢丝绳固定方式、固定装置进行整改，满足要求后方可使用	产品说明书 《建筑机械使用安全技术规程》(JGJ 33—2012) 第4.7.8条：钢丝绳卷绕在卷筒上的安全圈数不得少于3圈。钢丝绳末端应固定可靠，不得用手拉钢丝绳的方法卷绕钢丝绳

续表

序号	风险源（点）		可能发生的事故类型	风险分级	主要防范措施（工程技术、管理、培训教育、个体防护、应急处置措施）	相 关 文 件
27	吊钩、滑轮、钢丝绳与锁具	索具的安全系数不符合国家现行相关标准要求	起重伤害	三级	对索具的安全系数进行验算，满足要求后方可继续使用，不满足要求时更换符合要求的索具	《建筑施工起重吊装工程安全技术规范》（JGJ 276—2012）第4.3.1条：当利用吊索上的吊钩、卡环钩挂重物上的起重环时，吊索的安全系数不应小于6；当用吊索直接捆绑重物，且吊索与重物棱角间已采取妥善的保护措施时，吊索的安全系数应取6～8；当起吊重、大或精密的重物时，除应采取妥善保护措施外，吊索的安全系数应取10
28	吊钩、滑轮、钢丝绳与锁具	索具端部固接方式不符合国家现行相关标准要求	起重伤害	四级	进行安全技术交底对索具的固定方式、进行整改，满足要求后方可使用	《建筑施工起重吊装工程安全技术规范》（JGJ 276—2012）第4.3.1条：吊索的绳环或两端的绳套可采用压接头，压接头的长度不应小于钢丝绳直径的20倍，且不应小于300mm。第4.1.26条：钢丝绳采用编结固定时，编结部分的长度不得小于钢丝绳直径的20倍，并不应小于300mm，其编结部分应用细钢丝捆扎
29	吊装作业	起重机械与架空线路安全距离不符合规范要求	触电	三级	进行安全技术交底，起重机械与架空线路安全距离不符合规范要求时应采取防护措施，加强安全检查	《建筑与市政工程施工现场临时用电安全技术规范》（JGJ/T 46—2024）第8.1.4条：起重机不得越过无防护设施的外电架空线路作业。在外电架空线路附近吊装时，塔式起重机的吊具或被吊物体端部与架空线路边线之间的最小安全距离应符合表8.1.4规定。

续表

序号	风险源（点）		可能发生的事故类型	风险分级	主要防范措施（工程技术、管理、培训教育、个体防护、应急处置措施）	相 关 文 件
29	吊装作业	起重机械与架空线路安全距离不符合规范要求	触电	三级	进行安全技术交底，起重机械与架空线路安全距离不符合规范要求时应采取防护措施，加强安全检查	表8.1.4 塔式起重机的吊具或被吊物体端部与架空线路边线之间的最小安全距离 | 电压（kV）	<1	10	35	110	220	330	500
---	---	---	---	---	---	---	---
沿垂直方向（m）	1.5	3.0	4.0	5.0	6.0	7.0	8.5
沿水平方向（m）	1.5	2.0	3.5	4.0	6.0	7.0	8.5 | 《施工现场机械设备检查技术规范》（JGJ 160—2016） 第7.1.3条：起重机械的任何部位与架空输电线之间的最小距离不得小于表7.1.3的规定。 表7.1.3 起重机械与架空输电线间的最小距离 | 电压/kV	<1	1~20	35~110	154	220	330
最小距离/m	1.5	2.0	4.0	5.0	6.0	7.0	
30	吊装作业	同一作业区两台及以上起重设备运行未制定防碰撞方案，且存在碰撞可能	起重伤害	一级	暂停施工，制定专项方案并进行安全技术交底，加强安全检查	《水利工程建设项目生产安全重大事故隐患清单指南（2023年版）》

续表

序号	风险源（点）		可能发生的事故类型	风险分级	主要防范措施（工程技术、管理、培训教育、个体防护、应急处置措施）	相 关 文 件
31	吊装作业	多塔作业时，任意两台塔式起重机之间的最小架设间距不符合规范要求且未制定防碰撞方案	起重伤害	二级	进行安全交技术底，制定防碰撞方案并按方案实施，加强安全检查	《建筑机械使用安全技术规程》（JGJ 33—2012） 第4.4.22条：当同一施工地点有两台以上塔式起重机并可能互相干涉时，应制定群塔作业方案；两台塔式起重机之间的最小架设距离应保证处于低位塔式起重机的起重臂端部与另一台塔式起重机的塔身之间至少有2m的距离；处于高位塔式起重机的最低位置的部件（吊钩升至最高点或平衡重的最低部位）与低位塔式起重机中处于最高位置部件之间的垂直距离不应小于2m。 《建筑施工塔式起重机安装、使用、拆卸安全技术规程》（JGJ 196—2010） 第2.0.14条：当多台塔式起重机在同一施工现场交叉作业，应制专项方案，并采取防碰撞的安全措施。任意两台塔式起重机之间的最小架设高应符合下列规定： 1. 低位塔式起重机的起重臂部与另一台塔式起重机的塔身之间的距离不得小于2m； 2. 高位塔式起重机的最低位置的部件（或吊钩升至最高点或平衡重的最低部位）与低位塔式起重机中处于最高位置部件之间的垂距高不得小于2m
32	吊装作业	恶劣天气下安装、拆卸、吊装作业	起重伤害	三级	停止作业，进行安全技术交底，加强安全检查	《建筑机械使用安全技术规程》（JGJ 33—2012） 第4.1.14条：在风速达到9.0m/s及以上或大雨、大雪、大雾等恶劣天气时，严禁进行建筑起重机械的安装拆卸工作。

续表

序号	风险源（点）		可能发生的事故类型	风险分级	主要防范措施（工程技术、管理、培训教育、个体防护、应急处置措施）	相 关 文 件
32	吊装作业	恶劣天气下安装、拆卸、吊装作业	起重伤害	三级	停止作业，进行安全技术交底，加强安全检查	第4.1.15条：在风带达到12.0m/s及以上或大雨、大雪、大雾等恶劣天气时，应停止露天的起重吊装作业。重新作业前，应先试吊，并应确认各种安全装置灵敏可靠后进行作业。《建筑施工起重吊装工程安全技术规范》（JGJ 276—2012）第3.0.12条：大雨、雾、大雪及6级以上大风等恶劣天气应停止吊装作业。雨雪后进行吊装作业时，应及时清理冰雪并应采取防滑和防漏电措施，先试吊，确认制动器灵敏可靠后方可进行作业。《建筑施工塔式起重机安装、使用、拆卸安全技术规程》（JGJ 196—2010）第3.4.8条：雨雪、浓雾天气严禁进行安装作业。安装时塔式起重机最大高度处的风速应符合使用说明书的要求，且风速不得超过12m/s。第3.4.9条：塔式起重机不宜在夜间进行安装作业；当需在夜间进行塔式起重机安装和拆卸作业时，应保证提供足够的照明
33	吊装作业	构件吊点不符合设计要求	起重伤害	四级	停止作业，按设计要求或专项施工方案要求进行整改，满足要求后方可进行起吊	《建筑施工起重吊装工程安全技术规范》（JGJ 276—2012）第3.0.9条：构件的吊点应符合设计规定，对异形构件或当无设计规定时，应经计算确定，保证构件起吊平稳

续表

序号	风险源（点）		可能发生的事故类型	风险分级	主要防范措施（工程技术、管理、培训教育、个体防护、应急处置措施）	相 关 文 件
34	吊装作业	吊运散状物料未使用吊笼	起重伤害	四级	停止作业，进行安全技术交底	《建筑机械使用安全技术规程》（JGJ 33—2012） 第4.1.19条：起吊重物应绑扎平稳、牢固，不得在重物上再堆放或悬挂零星物件。易散落物件应使用吊笼吊运。标有绑扎位置的物件，应按标记绑扎后吊运。吊索的水平夹角宜为45°～60°，不得小于30°，吊索与物件棱角应加保护垫料
35	吊装作业	地面铺垫措施达不到要求	起重伤害	三级	进行安全技术交底，采取措施，使地面铺垫满足要求	《建筑施工起重吊装工程安全技术规范》（JGJ 276—2012） 第3.0.5条：起重设备的通行道路应平整，承载力应满足设备通行要求。吊装作业区域四周应设置明显标志，严禁非操作人员入内。夜间不宜作业，当确需夜间作业时，应有足够的照明
36	吊装作业	未按规定设置作业警戒区及专人警戒	起重伤害	四级	进行安全技术交底，设置作业警戒区及专人警戒，加强安全检查	《建筑机械使用安全技术规程》（JGJ 33—2012） 第4.1.17条：建筑起重机械作业时，应在臂长的水平投影覆盖范围外设置警戒区域，并应有监护措施；起重臂和重物下方不得有人停留、工作或通过。不得由吊车、物料提升机载运人员。 《建筑施工起重吊装工程安全技术规范》（JGJ 276—2012） 第3.0.5条：起重设备的通行道路应平整，承载力应满足设备通行要求。吊装作业区域四周应设置明显标志，严禁非操作人员入内。夜间不宜作业，当确需夜间作业时，应有足够的照明。

续表

序号	风险源（点）		可能发生的事故类型	风险分级	主要防范措施（工程技术、管理、培训教育、个体防护、应急处置措施）	相 关 文 件
36	吊装作业	未按规定设置作业警戒区及专人警戒	起重伤害	四级	进行安全技术交底，设置作业警戒区及专人警戒，加强安全检查	《建筑与市政施工现场安全卫生与职业健康通用规范》（GB 55034—2022） 第3.6.4条：机械作业应设置安全区域，严禁非作业人员在作业区停留、通过、维修或保养机械。当进行清洁、保养、维修机械时，应设置警示标识，待切断电源、机械停稳后，方可进行操作
37	吊装作业	超载作业或被吊物体重量不明，起吊方式不正确	起重伤害	三级	停止作业，进行安全技术交底，按相关规范、规程作业	《建筑施工起重吊装工程安全技术规范》（JGJ 276—2012） 第3.0.17条：开始起吊时，应先将构件吊离地面200～300mm后暂停，检查起重机的稳定性、制动装置的可靠性、构件的平衡性和绑扎的牢固性等，确认无误后，方可继续起吊。已吊起的构件不得长久停滞在空中。严禁超载和吊装重量不明的重型构件和设备。 第3.0.13条：吊起的构件应确保在起重机吊杆顶的正下方，严禁采用斜拉、斜吊，严禁起吊埋于地下或粘结在地上的构件。 《建筑机械使用安全技术规程》（JGJ 33—2012） 第4.1.18条：不得使用建筑起重机械进行斜拉、斜吊和起吊埋设在下或凝固在地面上的重物以及其他明重量的物体
38	吊装作业	吊装大、重构件和采用新的吊装工艺时，作业前未经试吊	起重伤害	四级	进行安全交技术底，按要求进行试吊	《建筑施工起重吊装工程安全技术规范》（JGJ 276—2012） 第3.0.11条：吊装大、重构件和采用新的吊装工艺时，应先进行试吊，确认无问题后，方可正式起吊

续表

序号	风险源（点）		可能发生的事故类型	风险分级	主要防范措施（工程技术、管理、培训教育、个体防护、应急处置措施）	相 关 文 件
39	吊装作业	吊装大型构件时无稳定措施	起重伤害	三级	进行安全技术交底，采取稳定措施	《建筑施工起重吊装工程安全技术规范》（JGJ 276—2012） 第3.0.8条：高空吊装屋架、梁和采用斜吊绑扎吊装桩时，应在构件两端扎绑溜绳，由操作人员控制构件的平衡和稳定
40	吊装作业	支腿未打开	起重伤害	四级	进行安全技术交底，按要求打开支腿	《建筑机械使用安全技术规程》（JGJ 33—2012） 第4.3.4条：作业前，应全部伸出支腿，调整机体使回转支撑面的倾斜在无载荷时不大于1/1000（水准居中）。支腿的定位销必须插上。底盘为弹性悬挂的起重机，插支腿前应先收紧稳定器。 第7.3.1条：汽车起重机作业前，必须保证所有轮胎离地，且车架上安装的回转支承平面倾斜度不应大于0.5%
41	作业人员	起重机操作人员、起重信号工、司索工无证作业或不符合要求，起重机安装、拆除、顶升、安拆附着作业人员未取得相应作业资格	起重伤害	三级	清退不符合要求的作业人员，更换符合条件的作业人员，加强安全检查	《建筑施工起重吊装工程安全技术规范》（JGJ 276—2012） 第3.0.2条：起重机操作人员、起重信号工、司索工等特种作业人员必须持特种作业资格证书上岗。严禁非起重机驾驶人员驾驶、操作起重机。 《建筑施工塔式起重机安装、使用、拆卸安全技术规程》（JGJ 196—2010） 第2.0.3条：塔式起重安装、拆卸作业人员应配备下列人员：持有安全生产考核合格证书的项目负责人和安全负责人、机械管理人员；具有建筑施工特种作业操作资格证书的建筑起重机械安装拆卸工、起重司机、起重信号工、司索工等特种作业操作人员

续表

序号	风险源（点）		可能发生的事故类型	风险分级	主要防范措施（工程技术、管理、培训教育、个体防护、应急处置措施）	相关文件
42	作业人员	起重作业人员未按要求佩戴防护用品	起重伤害	四级	进行安全技术交底，正确佩戴劳动防护用品，加强安全检查	《建筑施工起重吊装工程安全技术规范》（JGJ 276—2012） 第3.0.4条：起重作业人员必须穿防滑鞋、戴安全帽，高处作业应佩戴安全带，并应系挂可靠，高挂低用
43	作业人员	起重机吊运人员	高坠	四级	停止作业，进行安全技术交底，加强安全检查	《建筑机械使用安全技术规程》（JGJ 33—2012） 第4.1.17条：建筑起重机械作业时，应在臂长的水平投影覆盖范围外设置警戒区域，并应有监护措施；起重臂和重物下方不得有人停留、工作或通过。不得由吊车、物料提升机载运人员。 《建筑施工起重吊装工程安全技术规范》（JGJ 276—2012） 第3.0.18条：严禁在吊起的构件上走或站立，不得用起重机载运人员，不得在构件上堆放或悬挂零星物件。严禁在已吊起的构件下面或起重臂下旋转范围内作业或行走。起吊时应匀速，不得突然制动。回转时动作应平稳，当回转未停稳前不得做反向动作
44	结构设施	主要结构件的变形、开焊、裂纹、锈蚀超过规范要求	起重伤害	三级	立即对主要结构件的变形、开焊、裂纹、锈蚀超过规范要求的部件进行整改，经验收合格后方可投入使用	《建筑施工塔式起重机安装、使用、拆卸安全技术规程》（JGJ 196—2010） 第2.0.16条：塔式起重机在安装前和使用过程中。发现有下列情况之一的，不得安装和使用。 1. 结构件上有可见纹和严重锈的； 2. 主要受力构件存在塑性变形的； 3. 连接件存在严重磨损和塑性变形的； 4. 钢丝绳达到报废标准的； 5. 安全装置不齐全或失效的

续表

序号	风险源（点）		可能发生的事故类型	风险分级	主要防范措施（工程技术、管理、培训教育、个体防护、应急处置措施）	相 关 文 件
45	结构设施	高强螺栓、销轴、紧固件的紧固、连接不符合产品说明书要求	起重伤害	四级	按照产品说明书更换不符合要求的高强螺栓、销轴、紧固件的紧固、连接等，经验收合格后方可投入使用	《建筑机械使用安全技术规程》（JGJ 33—2012） 第 4.4.19 条：根据使用说明书的要求，应定期对塔式起重机各工作机构、所有安全装置、制动器的性能及磨损情况、钢丝绳的磨损及绳端固定、液压系统、螺栓销轴连接处等进行检查。 《市政工程施工安全检查标准》（CJJ/T 275—2018） 第 8.2.4 条：高强螺栓、销轴、紧固件的紧固、连接应符合产品说明要求，高强螺栓应使用力矩扳手或专用工具紧固
46	安装与拆卸	安装、拆除、顶升、安拆附着单位未取得相应专业承包资质	起重伤害	三级	立即停止作业，更换有资质的承包商，经相关方同意后方可开始作业	《建筑施工塔式起重机安装、使用、拆卸安全技术规程》（JGJ 196—2010） 第 2.0.1 条：塔式起重机安装、拆卸单位必须具有从事塔式起重机安装、拆卸业务的资质
47	安装与拆卸	塔式起重机未经验收或验收不合格使用	起重伤害	三级	立即停止使用，组织验收，经第三方检验合格后方可施工	《建筑施工塔式起重机安装、使用、拆卸安全技术规程》（JGJ 196—2010） 第 3.4.15 条：安装单位应对安装质量进行自检，并应按本规程附录 A 填写自检报告书。 第 3.4.16 条：安装单位自检合格后，应委托相应资质的检验机构进行检测。检验检测机构应出具检测报告书

续表

序号	风险源（点）		可能发生的事故类型	风险分级	主要防范措施（工程技术、管理、培训教育、个体防护、应急处置措施）	相 关 文 件
48	安装与拆卸	顶升、安拆附着过程中违章作业	起重伤害	二级	进行安全技术交底，遵守专项方案或操作规程，加强安全检查	《建筑施工塔式起重机安装、使用、拆卸安全技术规程》（JGJ 196—2010） 第3.4.6条：自升式塔式起重机的顶升加节应符合下列规定：顶升系统必须完好；结构件必须完好；顶升前，塔式起重机下支座与顶升套架应可靠连接；顶升前，应确保顶升横梁搁置正确；顶升前，应将塔式起重机配平，顶升过程中应确保塔式起重机的平衡；顶升加节的顺序，应符合使用说明书的规定；顶升过程中，不应进行起升、回转、变幅等操作；顶升结束后，应将标准节与回转下支座可靠连接；塔式起重机加节后需进行附着的，应按照先装附着装置、后顶升加节的顺序进行，附着装置的位置和支撑点的强度应符合要求
49	电气安全	未采用TN-S接零保护系统供电	触电	四级	更换符合要求的供电系统	《市政工程施工安全检查标准》（CJJ/T 275—2018） 第8.2.4条：塔式起重应采用TN-S接零保护系统供电
50	电气安全	电气防护装置不齐全、不灵敏，失效	触电	四级	配齐安全可靠的电气防护装置，加强安全检查	《施工现场机械设备检查技术规范》（JGJ 160—2016） 第7.4.13条：在电气线路中，失压保护、零位保护、电源错相及断相应齐全灵敏有效
51	电气安全	接地电阻不符合要求	触电	四级	对接地电阻不符合要求的电气进行整改，并定期检测接地阻	《施工现场机械设备检查技术规范》（JGJ 160—2016） 第7.4.15条：对塔式起重机金属结构、轨道及所有电气设备的金属外壳、金属管线和安全照明的变压器低压侧等应可靠接地，接地电阻不应大于4.0Ω；重复接地电阻不应大于10Ω

4.10 围堰施工

围堰施工安全风险管控清单（表 4-10）的制定参考了《市政工程施工安全检查标准》（CJJ/T 275—2018）、《水利水电工程施工组织设计规范》（SL 303—2017）、《水利水电工程围堰设计规范》（SL 645—2013）、《水利工程建设项目生产安全重大事故隐患清单指南（2023 年版）》。

表 4-10 围堰施工安全风险管控清单

序号	风险源（点）	可能发生的事故类型	风险分级	主要防范措施（工程技术、管理、培训教育、个体防护、应急处置措施）	相关文件
1	方案与交底	围堰不符合规范和设计要求	淹溺、坍塌	一级	暂停施工，按照设计要求进行加固处理	设计文件 《水利工程建设项目生产安全重大事故隐患清单指南（2023 年版）》
2	方案与交底	围堰位移及渗流量超过设计要求，且无有效管控措施	淹溺、坍塌	一级	暂停施工，按照设计要求采取加固措施，加强监测	设计文件 《水利工程建设项目生产安全重大事故隐患清单指南（2023 年版）》
3	方案与交底	围堰施工前未编制专项施工方案，堰身未进行设计；专项施工方案未进行审核、审批	淹溺、坍塌	四级	编制专项施工方案，进行设计计算，按要求审核、审批，进行方案和安全技术交底，按专项施工方案施工，并对方案执行情况开展检查	《市政工程施工安全检查标准》（CJJ/T 275—2018）第 4.3.2 条：土石围堰保证项目的检查评定应符合下列规定： 1. 方案与交底应符合下列规定： 1）土石围堰施工前应编制专项施工方案，堰身应进行设计； 2）专项施工方案应进行审核、审批
4	方案与交底	专项施工方案实施前未进行安全技术交底，未做好文字记录	淹溺、坍塌	四级	进行方案和安全技术交底并留存相关记录	《市政工程施工安全检查标准》（CJJ/T 275—2018）第 4.3.2 条：土石围堰保证项目的检查评定应符合下列规定： 1. 方案与交底应符合下列规定： 4）专项施工方案实施前，应进行安全技术交底，做好文字记录

续表

序号	风险源（点）	可能发生的事故类型	风险分级	主要防范措施（工程技术、管理、培训教育、个体防护、应急处置措施）	相 关 文 件
5	施工 围堰的构造（尺寸、抗冲刷、坡比等）不符合规定	淹溺、坍塌	二级	按照设计文件及专项施工方案要求施工，加强检查	《市政工程施工安全检查标准》（CJJ/T 275—2018） 第4.3.2条：土石围堰保证项目的检查评定应符合下列规定： 3. 堰身构造应符合下列规定：围堰的外形尺寸不得影响河道泄洪、通航能力；围堰高度应比施工期间可能出现的最高水位（包括浪高）高出0.5m；围堰填筑高度应符合专项施工方案要求，并应能承受水压和流水冲刷作用；围堰外侧迎水面应采取有效的防冲刷措施；围堰填筑内侧堰脚与基坑开挖边缘距离应根据河床土质和基坑深度确定，并应满足专项施工方案要求，且不得小于1m；堰身内外边坡率应符合专项施工方案要求。 《水利水电工程围堰设计规范》（SL 645—2013） 第5.1.1条：围堰布置应符合下列要求：满足围护建筑物布置及施工要求。满足堰体与岸坡或其他建筑物的连接要求。围堰背水侧坡脚与围护建筑物基础开挖边坡开口线的距离，应满足堰基和基础开挖边坡的要求。满足水力条件及防冲要求。宜避开两岸溪沟水流汇入基坑，避免溪沟水流对围堰造成危害性冲刷；无法避免时，应采取相应措施。 第5.1.2条：在条件许可时，围堰宜与永久建筑物结合
6	施工 筑堰材料不符合规定	淹溺、坍塌	三级	按照设计文件及专项施工方案要求施工，加强检查	《市政工程施工安全检查标准》（CJJ/T 275—2018） 第4.2.2条：钢围堰保证项目的检查评定应符合下列规定： 2. 构配件和材质应符合下列规定：

续表

序号	风险源（点）		可能发生的事故类型	风险分级	主要防范措施（工程技术、管理、培训教育、个体防护、应急处置措施）	相关文件
6	施工	筑堰材料不符合规定	淹溺、坍塌	三级	按照设计文件及专项施工方案要求施工，加强检查	3）钢围堰承力主体结构构件、连接件不得有显著的扭曲和侧弯变形，严重超标的挠度以及严重锈蚀剥皮等缺陷。 第4.3.2条：土石围堰保证项目的检查评定应符合下列规定： 2. 筑堰身材料应符合下列规定： 1）土围堰筑堰材料宜采用黏性土或砂夹黏土；土袋围堰袋内填土宜采用黏性土；竹笼、木笼、钢丝笼、钢围堰应采用征石或卵石填筑；膜袋围堰宜采用砂或水泥固化材料填充； 2）当用草袋、麻袋等堆码时，袋中应装不渗水黏土，装土量应为土袋容量的1/2～1/3，并应缝合袋口。 《水利水电工程施工组织设计规范》（SL 303—2017） 第2.4.4条：土石围堰填筑材料应符合下列要求：均质土围堰填筑材料渗透系数不宜大于1×10^{-4}cm/s；防渗体土料渗透系数不宜大于1×10^{-5}cm/s。心墙或斜墙土石围堰堰壳填筑料渗透系数宜大于1×10cm/s，可采用天然砂卵石或石渣。围堰堆石体水下部分不宜采用软化系数值大于0.7的石料。反滤料和过渡层料宜选用满足级配要求的天然砂砾石料。与土石坝结合布置的堰体，其材料选择应符合（SL 274—2020）的相关规定

续表

序号	风险源（点）		可能发生的事故类型	风险分级	主要防范措施（工程技术、管理、培训教育、个体防护、应急处置措施）	相关文件
7	施工	围堰填筑不符合规定	淹溺、坍塌	三级	按照设计文件及专项施工方案要求施工，加强检查	《市政工程施工安全检查标准》（CJJ/T 275—2018） 第4.3.2条：土石围堰保证项目的检查评定应符合下列规定： 4. 围堰填筑应符合下列规定： 2) 围堰填筑应分层进行； 3) 筑堰应将堰底河床处的树根、石块、杂物清除干净，堰底清理宜在小围堰保护下进行； 4) 堰体范围内的水井、泉眼、地道等应按要求处理，并经验收形成记录备查； 5) 竹笼、木笼、钢丝笼、钢笼围堰在套笼下水时应打桩固定； 7) 围堰填筑应自上游开始至下游合龙
8	监测	围堰监测不符合规定	淹溺、坍塌	四级	按照设计文件、规范要求开展监测	《市政工程施工安全检查标准》（CJJ/T 275—2018） 第4.3.2条：土石围堰保证项目的检查评定应符合下列规定： 5. 围堰监测应符合下列规定： 1) 围堰填筑及使用过程中，应对其堰身变形、渗水和冲刷情况进行监测
9	检查验收	围堰未经验收已投入使用，无验收标识	淹溺、坍塌	四级	按要求组织验收	《市政工程施工安全检查标准》（CJJ/T 275—2018） 第4.3.2条：土石围堰保证项目的检查评定应符合下列规定： 6. 检查验收应符合下列规定： 1) 在围堰施工完成、投入使用前，应办理完工验收手续；完工验收应形成记录。 3) 验收合格后应在明显位置悬挂验收合格牌

续表

序号	风险源（点）		可能发生的事故类型	风险分级	主要防范措施（工程技术、管理、培训教育、个体防护、应急处置措施）	相 关 文 件
10	安全防护	安全防护（警示标识、警示灯、临边、通道）不合要求	高处坠落	四级	按要求做好安全防护工作，加强安全检查	《市政工程施工安全检查标准》（CJJ/T 275—2018） 第4.3.3条：土石围堰一般项目的检查评定应符合下列规定： 1. 安全防护应符合下列规定： 3）围堰应设置安全警示标志，夜间应设置安全警示灯； 4）堰顶临边应设置防护栏杆； 5）围堰内应设置作业人员上下坡道或梯道，通道数量不应少于2处，作业位置的安全通道应畅通
11	围堰拆除	土石围堰拆除不符合要求	淹溺	四级	进行安全技术交底，按专项施工方案、设计文件要求拆除	《市政工程施工安全检查标准》（CJJ/T 275—2018） 第4.3.3条：土石围堰一般项目的检查评定应符合下列规定： 2. 围堰拆除应符合下列规定： 2）围堰应按从下游至上游的顺序拆除。 《水利水电工程围堰设计规范》（SL 645—2013） 第9.0.3条：围堰拆除应符合环境保护及水土保持要求。 第9.0.4条：土石围堰宜先拆除上部及背水侧堰体，可利用迎水侧部分堰体断面挡水，减少水下拆除工程量

第5章 施工管理类安全风险管控清单

施工管理类安全风险管控清单分临时用电、施工机具、恶劣天气、现场消防、施工用房等5类。

5.1 临时用电

临时用电安全风险管控清单（表5-1）的制定参考了《建筑与市政施工现场安全卫生与职业健康通用规范》（GB 55034—2022）、《市政工程施工安全检查标准》（CJJ/T 275—2018）、《建筑与市政工程施工现场临时用电安全技术规范》（JGJ/T 46—2024）、《房屋市政工程生产安全重大事故隐患判定标准（2024版）》《水利工程建设项目生产安全重大事故隐患清单指南（2023年版）》。

表5-1 临时用电安全风险管控清单

序号	风险源（点）		可能发生的事故类型	风险分级	主要防范措施（工程技术、管理、培训教育、个体防护、应急处置措施）	相关文件
1	施工方案	临时用电组织设计及变更未履行"编制、审核、批准"程序，非电气工程技术人员组织编制，未经相关部门审核及具有法人资格企业的技术负责人批准实施	触电	三级	编写专项施工方案，进行方案和安全技术交底，并对方案执行情况开展检查	《建筑与市政工程施工现场临时用电安全技术规范》（JGJ/T 46—2024） 第10.1.1条：施工现场临时用电设备在5台及以上或设备总容量在50kW及以上者，应编制临时用电工程组织设计（施工现场临时用电工程方案）。

续表

序号	风险源（点）	可能发生的事故类型	风险分级	主要防范措施（工程技术、管理、培训教育、个体防护、应急处置措施）	相 关 文 件
1	施工方案	临时用电组织设计及变更未履行"编制、审核、批准"程序，非电气工程技术人员组织编制，未经相关部门审核及具有法人资格企业的技术负责人批准实施	触电	三级	编写专项施工方案，进行方案和安全技术交底，并对方案执行情况开展检查	第10.1.4条：临时用电工程组织设计编制及变更时，应按照《危险性较大的分部分项工程安全管理规定》的要求，履行"编制、审核、审批"程序。变更临时用电工程组织设计时，应补充有关图纸资料
2	施工方案	临时用电工程未经编制、审核、批准部门和使用单位共同验收合格已投入使用	触电	三级	严格履行验收程序，验收通过后方可使用	《建筑与市政工程施工现场临时用电安全技术规范》（JGJ/T 46—2024） 第10.1.4条：临时用电工程组织设计编制及变更时，应按照《危险性较大的分部分项工程安全管理规定》的要求，履行"编制、审核、审批"程序。变更临时用电工程组织设计时，应补充有关图纸资料。 第10.1.5条：临时用电工程应经总承包单位和分包单位共同验收，合格后方可使用
3	外电防护	在外电架空线路正下方施工、搭设作业棚、建造生活设施或堆放构件、架具、材料及其他杂物等	触电	二级	暂停施工，清除不满足安全距离在外电架空线路下作业、搭设作业棚、生活设施等或采取相应安全保障措施，进行安全技术交底	《建筑与市政工程施工现场临时用电安全技术规范》（JGJ/T 46—2024） 第8.1.1条：在施工程外电架空线路正下方不得有人作业、建造生活设施，或堆放建筑材料、周转材料及其他杂物等

续表

序号	风险源（点）	可能发生的事故类型	风险分级	主要防范措施（工程技术、管理、培训教育、个体防护、应急处置措施）	相 关 文 件
4	外电防护	外电线路与在建工程及脚手架、起重机械、施工设备、场内机动车道之间小于安全距离且未采取防护措施	触电	一级	暂停施工，进行安全技术交底，按技术规范采取防护措施	《水利工程建设项目生产安全重大事故隐患清单指南（2023年版）》 《建筑与市政工程施工现场临时用电安全技术规范》（JGJ/T 46—2024） 第8.1.2条：在施工程（含脚手架）的周边与外电架空线路的边线之间的最小安全操作距离应符合表8.1.2规定。 表8.1.2 在施工程（含脚手架）的周边与架空线路的边线之间的最小安全操作距离 {{TABLE1}} 注：上下脚手架的斜道不宜设在有外电线路的一侧。 第8.1.3条：施工现场的机动车道与外电架空线路交叉时，架空线路的最低点至路面的最小垂直距离应符合表8.1.3规定。 表8.1.3 施工现场的机动车道与架空线路交叉时的最小垂直距离 {{TABLE2}}

表8.1.2：

外电线路电压等级（kV）	<1	1～10	35～110	220	330～500
最小安全操作距离（m）	7.0	8.0	8.0	10.0	15.0

表8.1.3：

外电线路电压等级（kV）	<1	1～10	35
最小垂直距离（m）	6.0	7.0	7.0

续表

序号	风险源（点）	可能发生的事故类型	风险分级	主要防范措施（工程技术、管理、培训教育、个体防护、应急处置措施）	相 关 文 件
4	外电防护 / 外电线路与在建工程及脚手架、起重机械、施工设备、场内机动车道之间小于安全距离且未采取防护措施	触电	一级	暂停施工，进行安全技术交底，按技术规范采取防护措施	第8.1.4条：起重机不得越无防护设施的外电架空线路作业。在外电架空线路附近吊装时，塔式起重机的吊具或被吊物体端部与架空线路边线之间的最小安全距离应符合表8.1.4规定。 表8.1.4 塔式起重机的吊具或被吊物体端部与架空线路边线之间的最小安全距离 |电压(kV)|<1|10|35|110|220|330|500| |沿垂直方向(m)|1.5|3.0|4.0|5.0|6.0|7.0|8.5| |沿水平方向(m)|1.5|2.0|3.5|4.0|6.0|7.0|8.5|
5	外电防护 / 防护设施与外电线路之间的安全距离及搭设方式不符合要求	触电	三级	暂停施工，进行安全技术交底，采取防护措施或按技术规范要求重新搭设	《建设与市政工程施工现场临时用电安全技术规范》（JGJ/T 46—2024） 第8.1.6条：外电线路电压等级≤10kV，最小安全距离2.0m；外电线路电压等级≤35kV，最小安全距离3.5m；外电线路电压等级≤110kV，最小安全距离4.0m
6	接地与接零 / 施工现场专用的电源中性点直接接地的低压配电系统未采用TN-S接零保护系统	触电	一级	暂停施工，按技术规范、遵守操作规程进行整改，整改合格经验收后方可投入使用	《水利工程建设项目生产安全重大事故隐患清单指南（2023年版）》 《市政工程施工安全检查标准》（CJJ/T 275—2018） 第3.4.3条：施工现场专用的电源中性点直接接地的低压配电系统应采用TN-S接零保护系统

续表

序号	风险源（点）		可能发生的事故类型	风险分级	主要防范措施（工程技术、管理、培训教育、个体防护、应急处置措施）	相关文件
7	接地与接零	配电系统未采用同一保护系统	触电	二级	进行安全技术交底，按规范、遵守操作规程进行整改，整改合格经验收后方可投入使用	《市政工程施工安全检查标准》（CJJ/T 275—2018） 第3.4.3条：施工现场不得同时采用两种配电保护系统。 《建筑与市政工程施工现场临时用电安全技术规范》（JGJ/T 46—2024） 第3.2.2条：当施工现场与外电线路共用同一供电系统时，电气设备的接地应与原系统保持一致
8	接地与接零	保护零线引出位置不符合国家现行相关标准要求	触电	三级	进行安全技术交底，按规范、遵守操作规程进行整改，整改合格经验收后方可投入使用	《建筑与市政工程施工现场临时用电安全技术规范》（JGJ/T 46—2024） 第3.2.3条：在TN系统中，通过总剩余电流动作保护器的中性导体（N）与保护接地导体（PE）之间不得再做电气连接
9	接地与接零	电气设备未接保护零线	触电	四级	进行安全技术交底，按规范、遵守操作规程进行整改，整改合格经验收后方可投入使用	《市政工程施工安全检查标准》（CJJ/T 275—2018） 第3.4.3条：电气设备的保护金属外壳必须与保护零线连接，保护零线应由工作接地线、总配电箱电源侧零线或总漏电保护电源零线处引出。 《建筑与市政工程施工现场临时用电安全技术规范》（JGJ/T 46—2024） 第3.2.1条：在施工现场专用变压器的供电的TN-S系统中，电气设备的金属外壳应与保护接地导体（PE）连接。保护接地导体（PE）应由工作接地、配电室（总配电箱）电源侧中性导体（N）处引出

续表

序号	风险源（点）		可能发生的事故类型	风险分级	主要防范措施（工程技术、管理、培训教育、个体防护、应急处置措施）	相 关 文 件
10	接地与接零	保护零线装设开关、熔断器或通过工作电流	触电	二级	进行安全技术交底，按规范、遵守操作规程进行整改，整改合格经验收后方可投入使用	《建筑与市政工程施工现场临时用电安全技术规范》（JGJ/T 46—2024） 第3.2.10条：保护接地导体（PE）上严禁装设开关或熔断器，严禁通过工作电流，且严禁断线
11	接地与接零	保护零线材质、规格及颜色标记不符合规范要求	触电	四级	进行安全技术交底，按规范、遵守操作规程进行整改，整改合格经验收后方可投入使用	《建筑与市政工程施工现场临时用电安全技术规范》（JGJ/T 46—2024） 第3.2.9条：保护接地导体（PE）必须采用绝缘导线。配电装置和电动机械相连接的保护接地导体（PE）应采用截面积不小于2.5mm²的绝缘多股软铜线。手持式电动工具的保护接地导体（PE）应采用截面积不小于1.5mm²的绝缘多股软铜线。 《建筑与市政施工现场安全卫生与职业健康通用规范》（GB 55034—2022） 第3.10.3条：施工现场配电线路应符合下列规定： 2. 电缆中应包含全部工作芯线、中性导体（N）及保护接地导体（PE）或保护中性导体（PEN）；保护接地导体（PE）及保护中性导体（PEN）外绝缘层应为黄绿双色；中性导体（N）外绝缘层应为淡蓝色；不同功能导体外绝缘色不应混用
12	接地与接零	工作接地与重复接地的设置、安装及接地装置的材料不符合规范要求	触电	三级	进行安全技术交底，按规范、遵守操作规程进行整改，整改合格经验收后方可投入使用	《市政工程施工安全检查标准》（CJJ/T 275—2018） 第3.4.3条：接地装置的接地线应采用2根及以上导体，在不同点与接地体做电气连接。接地体应采用角钢、钢管或光面圆钢

续表

序号	风险源（点）	可能发生的事故类型	风险分级	主要防范措施（工程技术、管理、培训教育、个体防护、应急处置措施）	相关文件
13	接地与接零	接地电阻不符合要求	触电	三级	进行安全技术交底，按规范、遵守操作规程进行整改，整改合格经验收后方可投入使用，并定期对接地电阻进行测试	《市政工程施工安全检查标准》（CJJ/T 275—2018） 第3.4.3条：工作接地电阻大于4Ω，重复接地电阻大于10Ω
14	接地与接零	做防雷接地机械上的电气设备，保护零线未做重复接地	触电	四级	进行安全技术交底，按规范、遵守操作规程进行整改，整改合格经验收后方可投入使用	《市政工程施工安全检查标准》（CJJ/T 275—2018） 第3.4.3条：机械上做防雷接地的电气设备，所连接的保护零线必须同时做重复接地。 《建筑与市政工程施工现场临时用电安全技术规范》（JGJ/T 46—2024） 第3.4.7条：机械做防雷接地时，机械上电气设备所连接的保护接地导体（PE）必须同时做重复接地，同一台机械的电气设备的重复接地和防雷接地可共用同一接地体，但接地电阻应符合重复接地电阻的要求
15	配电线路	线路及接头不能保证机械强度和绝缘强度	触电	四级	进行安全技术交底，按规范、遵守操作规程进行整改，整改合格经验收后方可投入使用	《建筑与市政工程施工现场临时用电安全技术规范》（JGJ/T 46—2024） 第6.1.3条：架空线导体截面的选择应符合下列规定： 4. 按机械强度要求，绝缘铜线截面不应小于10mm², 绝缘铝线截面不小于16mm²。 5. 在跨越铁路、公路、河流、电力线路档距内，绝缘铜线的截面积不应小于16mm², 绝缘铝线截面不应小于25mm²

续表

序号	风险源（点）		可能发生的事故类型	风险分级	主要防范措施（工程技术、管理、培训教育、个体防护、应急处置措施）	相关文件
16	配电线路	线路未设短路、过载保护	触电	四级	进行安全技术交底，按规范、遵守操作规程进行整改，整改合格经验收后方可投入使用	《建筑与市政工程施工现场临时用电安全技术规范》（JGJ/T 46—2024） 第6.1.17条：架空线路应有短路保护和过负荷保护。 第6.3.6条：室内配线应有短路保护和过负荷保护，短路保护和过负荷保护电器元件选配应符合本标准第6.1.17条的规定。 《市政工程施工安全检查标准》（CJJ/T 275—2018） 第3.4.3条：线路应设短路保护和过载保护，导线截面应符合线路负荷电流要求
17	配电线路	线路截面不能满足负荷电流	触电	四级	进行安全技术交底，按规范、遵守操作规程进行整改，整改合格经验收后方可投入使用	《建筑与市政工程施工现场临时用电安全技术规范》（JGJ/T 46—2024） 第6.3.5条：室内配线所用导线或电缆的截面应根据用电设备或线路的计算负荷和计算机械强度确定，但铜线截面不应小于2.5mm²，铝线截面不应小于10.0mm²
18	配电线路	电缆沿地面明设或沿脚手架、树木等敷设或敷设不符合规范要求	触电	三级	进行安全技术交底，按规范、遵守操作规程进行整改，整改合格经验收后方可投入使用	《建筑与市政工程施工现场临时用电安全技术规范》（JGJ/T 46—2024） 第7.2.3条：电缆线路应采用埋地或架空敷设，并应避免机械损伤和介质腐蚀。埋地电缆路径应设方位标志。 第6.2.9条：架空电缆应沿电杆、支架或墙壁敷设，并采用绝缘子固定，绑扎线必须采用绝缘线，固定点间距应保证电缆能承受自重荷载，敷设高度应符合架空线路敷设高度的要求，但沿墙壁敷设时最大弧垂距地不得小于2.0m。

续表

序号	风险源（点）	可能发生的事故类型	风险分级	主要防范措施（工程技术、管理、培训教育、个体防护、应急处置措施）	相 关 文 件
18	配电线路 电缆沿地面明设或沿脚手架、树木等敷设或敷设不符合规范要求	触电	三级	进行安全技术交底，按规范、遵守操作规程进行整改，整改合格经验收后方可投入使用	第6.1.2条：架空线应架设在专用电杆上，不得设在树木、脚手架及其他设施上。 第6.2.10条：在施工程的电缆线路架设应符合下列规定： 1. 应采用电缆埋地敷设，严禁穿越脚手架引入； 2. 电缆垂直敷设应充分利用在施工程的竖井、垂直孔洞等，并宜靠近用电负荷中心，固定点每楼层不应少于1处； 3. 电缆水平敷设宜沿墙壁或门洞上方刚性固定，最大弧垂距地面不应小于2.0m； 4. 装饰装修工程电源线可沿墙壁、地面敷设，但应采取预防机械损伤和电气火灾的措施。 《建筑与市政施工现场安全卫生与职业健康通用规范》（GB 55034—2022） 第3.10.3条：施工现场配电线路应符合下列规定： 1. 线缆敷设应采取有效保护措施，防止对线路的导体造成机械损伤和介质腐蚀
19	配电线路 未使用符合规范要求的电缆	触电	三级	进行安全技术交底，按规范、遵守操作规程进行整改，整改合格经验收后方可投入使用	《建筑与市政工程施工现场临时用电安全技术规范》（JGJ/T 46—2024） 第6.2.1条：施工现场临时用电宜采用电缆线路。电缆线路应符合下列规定： 1. 电缆芯线应包含全部工作导体和保护接地导体（PE）； 2. TN-S系统采用三相四线供电时应选择五芯电缆，采用单相供电时应选择三芯电缆； 3. 中性导体（N）绝缘层应是淡蓝色，保护接地导体（PE）绝缘层应是黄/绿组合颜色，不得混用

续表

序号	风险源（点）		可能发生的事故类型	风险分级	主要防范措施（工程技术、管理、培训教育、个体防护、应急处置措施）	相 关 文 件
20	配电线路	室内明敷主干线距地面高度小于2.5m	触电	四级	进行安全技术交底，按规范、遵守操作规程进行整改，整改合格经验收后方可投入使用	《建筑与市政工程施工现场临时用电安全技术规范》（JGJ/T 46—2024） 第6.3.3条：室内明敷主干线距地面不应小于2.5m
21	配电箱与开关箱	配电系统未采用三级配电、二级漏电保护系统	触电	二级	进行安全技术交底，按规范、遵守操作规程进行整改，整改合格经验收后方可投入使用	《市政工程施工安全检查标准》（CJJ/T 275—2018） 第3.4.3条：配电系统应采用三级配电、二级漏电保护系统，用电设备必须设置各自专用开关箱
22	配电箱与开关箱	用电设备未配备各自专用的开关箱	触电	二级	进行安全技术交底，按规范、遵守操作规程用电设备设专用开关箱，加强安全检查	《建筑与市政工程施工现场临时用电安全技术规范》（JGJ/T 46—2024） 第4.1.2条：每台用电设备应有各自专用的开关箱，不得用同一个开关箱直接控制2台及以上的用电设备（含插座）。 《市政工程施工安全检查标准》（CJJ/T 275—2018） 第3.4.3条：配电系统应采用三级配电、二级漏电保护系统，用电设备必须设置各自专用开关箱
23	配电箱与开关箱	箱体结构、箱内电器设置不符合规范要求	触电	三级	进行安全技术交底，按规范、遵守操作规程进行整改，整改合格经验收后方可投入使用	《建筑与市政工程施工现场临时用电安全技术规范》（JGJ/T 46—2024） 第4.1.6条：配电箱、开关箱应采用冷轧钢板或阻燃绝缘材料制作，钢板厚度应为1.2~2.0mm，其中开关箱箱体钢板厚度不得小于1.2mm，配电箱箱体钢板厚度不小于1.5mm，箱体表面应做防腐处理。

续表

序号	风险源（点）		可能发生的事故类型	风险分级	主要防范措施（工程技术、管理、培训教育、个体防护、应急处置措施）	相 关 文 件
23	配电箱与开关箱	箱体结构、箱内电器设置不符合规范要求	触电	三级	进行安全技术交底，按规范、遵守操作规程进行整改，整改合格经验收后方可投入使用	第4.1.9条：配电箱、开关箱内的电器（含插座）应按其规定位置紧固在电器安装板上，不得歪斜和松动。 第4.1.12条：配电箱、开关箱的金属箱体、金属电器安装板以及电器正常不带电的金属底座、外壳等应通过PE线端子板与保护接地导体（PE）做电气连接，金属箱门与金属箱体应采用黄绿组合颜色软绝缘导线做电气连接
24	配电箱与开关箱	配电箱零线端子板的设置、连接不符合规范要求	触电	四级	进行安全技术交底，按规范、遵守操作规程进行整改，整改合格经验收后方可投入使用	《建筑与市政工程施工现场临时用电安全技术规范》（JGJ/T 46—2024） 第4.1.10条：配电箱的电器安装板上必须分设N线端子板和PE线端子板。N线端子板必须与金属电器安装板绝缘；PE线端子板必须与金属电器安装板做电气连接。进出线中的中性导体（N）必须通过N端子板连接；保护接地导体（PE）必须通过PE端子板连接
25	配电箱与开关箱	漏电保护器参数不匹配或检测不灵敏	触电	二级	进行安全技术交底，按规范、遵守操作规程更换符合要求的漏电保护器	《建筑与市政工程施工现场临时用电安全技术规范》（JGJ/T 46—2024） 第3.3.4条：开关箱中剩余电流动作保护器的额定剩余电流动作电流不应大于30mA，额定剩余电流动作时间不应大于0.1s。潮湿或有腐蚀介质场所的剩余电流保护器应采用防溅型产品，其额定剩余电流动作电流不应大于15mA，额定剩余电流动作时间不应大于0.1s。 第3.3.3条：总配电箱中剩余电流动作保护器的额定剩余电流动作电流应大于30mA，动作时间应大于0.1s，但其额定剩余电流动作电流与额定剩余电流动作时间的乘积不应大于30mA·s

续表

序号	风险源（点）	可能发生的事故类型	风险分级	主要防范措施（工程技术、管理、培训教育、个体防护、应急处置措施）	相 关 文 件
26	配电箱与开关箱	配电箱与开关箱进出线混乱	触电	四级	进行安全技术交底，按规范、遵守操作规程进行整改	《建筑与市政工程施工现场临时用电安全技术规范》（JGJ/T 46—2024） 第4.1.15条：配电箱、开关箱的进出线口应配置固定线卡，进出线加绝缘护套并成束卡固在箱体上，不得与箱体直接接触。移动式配电箱、开关箱的进出线应采用橡皮护套绝缘电缆，不得有接头
27	配电箱与开关箱	箱体未设置系统接线图和分路标记	触电	四级	进行安全技术交底，按规范、遵守操作规程设置系统接线图和分路标记	《建筑与市政工程施工现场临时用电安全技术规范》（JGJ/T 46—2024） 第4.3.1条：配电箱、开关箱应有名称、用途、分路标记及系统接线图
28	配电箱与开关箱	箱体未设门、锁，未采取防雨措施	触电	四级	进行安全技术交底，按规范、遵守操作规程设门、锁，未采取防雨措施	《建筑与市政工程施工现场临时用电安全技术规范》（JGJ/T 46—2024） 第4.1.16条：配电箱、开关箱外形结构应能防雨、防尘措施
29	配电箱与开关箱	箱体安装位置、高度及周边通道不符合规范要求	触电	四级	进行安全技术交底，按规范、遵守操作规程进行整改，保证箱体安装位置、高度及周边通道符合规范要求	《建筑与市政工程施工现场临时用电安全技术规范》（JGJ/T 46—2024） 第4.1.5条：配电箱、开关箱周围应有足够2人同时工作的空间和通道，不得堆放任何妨碍操作、维修的物品，不得有灌木、杂草。 第4.1.7条：配电箱、开关箱应装设端正、牢固。固定式配电箱、开关箱的中心点与地面的垂直距离应为1.4~1.6m。移动式配电箱、开关箱应装设在坚固、水平的支架上，其中心点与地面的垂直距离宜为0.8~1.6m

续表

序号	风险源（点）	可能发生的事故类型	风险分级	主要防范措施（工程技术、管理、培训教育、个体防护、应急处置措施）	相 关 文 件
30	配电箱与开关箱	分配电箱与开关箱、开关箱与用电设备的距离不符合规范要求	触电	四级	进行安全技术交底，按规范、遵守操作规程保持分配电箱与开关箱、开关箱与用电设备的距离满足要求	《建筑与市政工程施工现场临时用电安全技术规范》（JGJ/T 46—2024） 第4.1.1条：总配电箱可下设若干台分配电箱；分配电箱可下设若干台开关箱。总配电箱应设在靠近电源的区域，分配电箱应设在用电设备或负荷相对集中的区域，分配电箱与开关箱的距离不应超过30m，开关箱与其控制的固定式用电设备的水平距离不宜超过3m
31	配电箱与开关箱	配电箱、开关箱的电源进线采用插头和插座连接	触电	三级	进行安全技术交底，按规范、遵守操作规程进行整改，拆除插头和插座连接	《建筑与市政工程施工现场临时用电安全技术规范》（JGJ/T 46—2024） 第4.2.7条：配电箱、开关箱电源进线端不得采用插头和插座做活动连接
32	配电箱与开关箱	维修、检查时无停电标志，带电作业	触电	二级	立即停止作业，进行安全技术交底，设置警示标志	《建筑与市政工程施工现场临时用电安全技术规范》（JGJ/T 46—2024） 第4.3.4条：对配电箱、开关箱进行定期维修、检查时，应将其前一级的电源隔离开关分闸断电，设置专人监护，并悬挂"禁止合闸，有人工作"停电标识牌，不得带电作业。 《建筑与市政施工现场安全卫生与职业健康通用规范》（GB 55034—2022） 第3.10.5条：电气设备和线路检修应符合下列规定： 1. 电气设备检修、线路维修时，严禁带电作业。应切断和隔离相关配电回路及设备的电源，并应检验、确认电源被切除，对应配电间的门、配电箱或切断电源的开关上锁，及应在锁具或其箱门、墙壁等醒目位置设置警示标识牌。

续表

序号	风险源（点）	可能发生的事故类型	风险分级	主要防范措施（工程技术、管理、培训教育、个体防护、应急处置措施）	相 关 文 件
32	配电箱与开关箱	维修、检查时无停电标志，带电作业	触电	二级	立即停止作业，进行安全技术交底，设置警示标志	2. 电气设备故障时，应采用验电器检验，确认断电后方可检修，并在控制开关明显部位悬挂"禁止合闸，有人工作"停电标识牌。停送电必须由专人负责。 3. 线路和设备作业严禁预约停送电
33	配电室与配电装置	配电室建筑耐火等级未达到三级	触电	三级	改造配电室，使配电室的耐火等满足要求	《建筑与市政工程施工现场临时用电安全技术规范》（JGJ/T 46—2024） 第5.1.4条：配电室布置应符合下列规定： 10. 配电室的建筑物和构筑物的耐火等级不应低于3级，室内应配置砂箱和可用于扑灭电气火灾的消防器材
34	配电室与配电装置	未配置适用于电气火灾的灭火器材	触电	四级	配置灭火器材，定期检验	《建筑与市政工程施工现场临时用电安全技术规范》（JGJ/T 46—2024） 第5.1.4条：配电室布置应符合下列规定： 10. 配电室的建筑物和构筑物的耐火等级不应低于3级，室内应配置砂箱和可用于扑灭电气火灾的消防器材
35	配电室与配电装置	配电室、配电装置布设不符合规范要求	触电	四级	更改配电室、配电装置布设，符合规范要求	《建筑与市政工程施工现场临时用电安全技术规范》（JGJ/T 46—2024） 第5.1.4条：配电室布置应符合下列规定： 1. 配电柜正面的操作通道宽度，单列布置或双列背对背布置不小于1.5m，双列面对面布置不小于2m；

续表

序号	风险源（点）		可能发生的事故类型	风险分级	主要防范措施（工程技术、管理、培训教育、个体防护、应急处置措施）	相 关 文 件
35	配电室与配电装置	配电室、配电装置布设不符合规范要求	触电	四级	更改配电室、配电装置布设，符合规范要求	2. 配电柜后面的维护通道宽度，单列布置或双列面对面布置不小于0.8m，双列背对背布置不小于1.5m，个别建筑结构梁柱凸出的地方，通道宽度可减少0.2m； 3. 配电柜侧面的维护通道宽度不小于1m； 4. 配电室的棚顶与地面的距离不低于3m
36	配电室与配电装置	配电装置中的仪表、电器元件设置不符合规范要求或仪表、电器元件损坏	触电	四级	更换不符合要求的电气仪表、电器元件，加强检查	《建筑与市政工程施工现场临时用电安全技术规范》（JGJ/T 46—2024） 第5.1.5条：配电柜应装设电度表、电流表、电压表。 第5.1.6条：配电柜应装设电源隔离开关及短路、过负荷、剩余电流动作保护器。电源隔离开关分断时应有明显可见分断点
37	配电室与配电装置	备用发电机组未与外电线路进行联锁	触电	三级	备用发电机组与外电线路联锁	《建筑与市政工程施工现场临时用电安全技术规范》（JGJ/T 46—2024） 第5.2.3条：发电机组电源不得与市电线路电源并列运行。 《建筑与市政施工现场安全卫生与职业健康通用规范》（GB 55034—2022） 第3.10.2条：施工用电的发电机组电源应与其他电源互相闭锁，严禁并列运行
38	配电室与配电装置	配电室、控制室未采取防雨雪和小动物侵入的措施	触电	四级	采取防雨雪和小动物侵入的措施	《建筑与市政工程施工现场临时用电安全技术规范》（JGJ/T 46—2024） 第5.1.3条：配电室和控制室应设置通风设施或空调设施，并应采取防止雨雪侵入和小动物进入的措施

续表

序号	风险源（点）		可能发生的事故类型	风险分级	主要防范措施（工程技术、管理、培训教育、个体防护、应急处置措施）	相 关 文 件
39	配电室与配电装置	配电室未设警示标志、工地供电平面图和系统图	触电	四级	设置警示标志、供电平面图和系统图	《市政工程施工安全检查标准》（CJJ/T 275—2018） 第3.14.4条：配电室应设警示标志、工地供电平面图和系统图
40	现场照明	照明用电与动力用电混用	触电	四级	照明用电与动力用电分开使用，进行安全技术交底，加强安全检查	《市政工程施工安全检查标准》（CJJ/T 275—2018） 第3.14.4条：照明用电应与动力用电分设。 《建筑与市政工程施工现场临时用电安全技术规范》（JGJ/T 46—2024） 第4.1.4条：动力配电箱与照明配电箱宜分别设置。当合并设置为同一配电箱时，动力和照明应分路配电；动力开关箱与照明开关箱必须分设
41	现场照明	特殊场所未使用安全电压	触电	一级	暂停施工，执行技术规范，遵守操作规程，进行整改，使用安全电压	《房屋市政工程生产安全重大事故隐患判定标准（2024版）》 《建筑与市政工程施工现场临时用电安全技术规范》（JGJ/T 46—2024） 第9.2.2条：下列特殊场所应使用安全特低电压照明器 1. 隧道、人防工程、高温、有导电灰尘、潮湿场所的照明，电源电压不应大于AC 36V； 2. 灯具离地面高度小于2.5m场所的照明，电源电压不应大于AC 36V； 3. 易触及带电体场所的照明，电源电压不应大于AC 24V； 4. 导电良好的地面、锅炉或金属容器等受限空间作业的照明，电源电压不应大于AC 12V。 《建筑与市政施工现场安全卫生与职业健康通用规范》（GB 55034—2022） 第3.10.4条：施工现场的特殊场所照明电压应符合下列规定：

续表

序号	风险源（点）	可能发生的事故类型	风险分级	主要防范措施（工程技术、管理、培训教育、个体防护、应急处置措施）	相 关 文 件
41	现场照明	特殊场所未使用安全电压	触电	一级	暂停施工，执行技术规范，遵守操作规程，进行整改，使用安全电压	1. 手持式灯具应采用供电电压不大于36V的安全特低电压（SELV）供电。 2. 照明变压器应使用双绕组型安全隔离变压器，严禁采用自耦变压器。 3. 安全隔离变压器严禁带入金属容器或金属管道内使用
42	现场照明	手持照明灯未使用安全电源供电	触电	四级	遵守操作规程，进行安全技术交底，使用安全电源	《建设与市政工程施工现场临时用电安全技术规范》（JGJ/T 46—2024） 第9.2.3条：使用行灯时应符合下列规定： 1. 电源电压不应大于AC 36V。 《建筑与市政施工现场安全卫生与职业健康通用规范》（GB 55034—2022） 第3.10.4条：施工现场的特殊场所照明电压应符合下列规定： 1. 手持式灯具应采用供电电压不大于36V的安全特低电压（SELV）供电。 2. 照明变压器应使用双绕组型安全隔离变压器，严禁采用自耦变压器。 3. 安全隔离变压器严禁带入金属容器或金属管道内使用
43	现场照明	照明变压器未使用双绕组安全隔离变压器	触电	三级	照明变压器采用双绕组安全隔离变压器	《建筑与市政工程施工现场临时用电安全技术规范》（JGJ/T 46—2024） 第9.2.5条：照明变压器应采用双绕组型安全隔离变压器

续表

序号	风险源（点）		可能发生的事故类型	风险分级	主要防范措施（工程技术、管理、培训教育、个体防护、应急处置措施）	相 关 文 件
43	现场照明	照明变压器未使用双绕组安全隔离变压器	触电	三级	照明变压器采用双绕组安全隔离变压器	《建筑与市政施工现场安全卫生与职业健康通用规范》（GB 55034—2022） 第 3.10.4 条：施工现场的特殊场所照明电压应符合下列规定： 1. 手持式灯具应采用供电电压不大于 36V 的安全特低电压（SELV）供电。 2. 照明变压器应使用双绕组型安全隔离变压器，严禁采用自耦变压器。 3. 安全隔离变压器严禁带入金属容器或金属管道内使用
44	现场照明	灯具金属外壳未接保护零线	触电	四级	保持灯具金属外壳保护接地，加强检查	《建筑与市政工程施工现场临时用电安全技术规范》（JGJ/T 46—2024） 第 9.3.1 条：照明灯具的金属外壳应保护接地导体（PE）做电气连接，照明开关箱内应装设隔离开关、短路与过载保护电器和剩余电流动作保护器
45	现场照明	灯具与地面、易燃物之间小于安全距离	触电	四级	保持灯具与地面、易燃物之间满足安全距离，加强安全检查	《建筑与市政工程施工现场临时用电安全技术规范》（JGJ/T 46—2024） 第 9.3.2 条：室外 220V 灯具距地面不应小于 3m，室内 220V 灯具距地面不应小于 2.5m。普通灯具与易燃物之间的距离不宜小于 300mm；自身发热较高灯具与易燃物之间的距离不宜小于 500mm，且不得直接照射易燃物。达不到上述安全距离时，应采取隔热措施

续表

序号	风险源（点）	可能发生的事故类型	风险分级	主要防范措施（工程技术、管理、培训教育、个体防护、应急处置措施）	相关文件
46	现场照明	照明线路和安全电压线路的架设不符合规范要求	触电	四级	保持照明线路和安全电压线路的架设符合规范要求，加强安全检查	《建筑与市政工程施工现场临时用电安全技术规范》（JGJ/T 46—2024） 第9.3.2条：室外220V灯具距地面不得低于3m，室内220V灯具距地面不得低于2.5m
47	现场照明	施工现场未按规范要求配备应急照明	触电	四级	配备应急照明设备，遵守专项方案和操作规程，加强检查	《建筑与市政工程施工现场临时用电安全技术规范》（JGJ/T 46—2024） 第9.1.1条：坑、洞、井、隧道、管廊、厂房、仓库、地下室等自然采光差的场所或需要夜间施工的场所，应设一般照明或混合照明。在一个工作场所内，不得只设局部照明。停电后，操作人员需及时撤离施工现场，必须装设自备电源的应急照明
48	发电机组	发电机组设置位置、电气安全距离或消防安全距离不足	火灾	三级	按照规范、规程进行整改，满足安全、消防距离要求	《建筑与市政工程施工现场临时用电安全技术规范》（JGJ/T 46—2024） 第5.2.1条：发电机组及其控制、配电、修理室等可分开设置；在保证电气安全距离和满足防火要求情况下可合并设置。 第5.2.2条：发电机组的排烟管道必须伸出室外。发电机组及其控制、配电室内应配置可用于扑灭电气火灾的灭火器，严禁存放储油桶。

5.2 施工机具

施工机具安全风险管控清单（表5-2）的制定参考了《建筑与市政施工现场安全卫生与职业健康通用规范》（GB 55034—2022）、《市政工程施工安全检查标准》(CJJ/T 275—2018)、《建筑机械使用安全技术规程》(JGJ 33—2012)、《建筑与市政工程施工现场临时用电安全技术规范》(JGJ/T 46—2024)、《起重机 钢丝绳 保养、维护、检验和报废》(GB/T 5972—2023)、《建设工程施工现场消防安全技术规范》(GB 50720—2011)。

表 5-2　　　　　　　　　施工机具安全风险管控清单

序号	风险源（点）		可能发生的事故类型	风险分级	主要防范措施（工程技术、管理、培训教育、个体防护、应急处置措施）	相 关 文 件
1	平刨	未设置护手及防护罩等安全装置	机械伤害	四级	设置护手及防护罩，组织验收	《建筑机械使用安全技术规程》(JGJ 33—2012) 第 10.1.3 条：机械安全装置应齐全有效，传动部位应安装防护罩，各部件应连接紧固。《市政工程施工安全检查标准》(CJJ/T 275—2018) 第 3.5.3 条：施工机具的检查评定应符合下列规定：1. 平刨使用应符合下列规定：2) 平刨应设置护手及防护罩等安全装置
2	平刨	使用平刨和圆盘锯合用一台电机的多功能木工机具	机械伤害	四级	清退不符合要求的木工机具，对新进场木工机具组织验收	《建筑机械使用安全技术规程》(JGJ 33—2012) 第 10.1.14 条：使用多功能机械时，应只使用其中一种功能，其他功能的装置不得妨碍操作。《市政工程施工安全检查标准》(CJJ/T 275—2018) 第 3.5.3 条：施工机具的检查评定应符合下列规定：1. 平刨使用应符合下列规定：5) 不得使用同台电机驱动多种刃具、钻具的多功能木工机具
3	平刨	无人操作时未切断电源	触电、机械伤害	四级	切断电源，进行安全技术交底，加强安全检查	《建筑机械使用安全技术规程》(JGJ 33—2012) 第 10.1.5 条：作业后，应切断电源，锁好闸箱，并应进行清理、润滑

续表

序号	风险源（点）		可能发生的事故类型	风险分级	主要防范措施（工程技术、管理、培训教育、个体防护、应急处置措施）	相 关 文 件
4	平刨	未单独设置保护零线，安装漏电保护装置	触电	四级	设保护零线，安漏电保护装置加强安全检查	《市政工程施工安全检查标准》（CJJ/T 275—2018） 第3.5.3条施工机具的检查评定应符合下列规定： 1. 平刨使用应符合下列规定： 3）平刨应单独设置保护零线，并应安装漏电保护装置
5	圆盘锯	未设置锯盘护罩、分料器、防护挡板安全装置	机械伤害	四级	设置锯盘护罩、分料器、防护挡板安全装置，加强安全检查	《建筑机械使用安全技术规程》（JGJ 33—2012） 第10.1.3条：机械安全装置应齐全有效，传动部位应安装防护罩，各部件应连接紧固。 《市政工程施工安全检查标准》（CJJ/T 275—2018） 第3.5.3条：施工机具的检查评定应符合下列规定： 2. 圆盘锯使用应符合下列规定： 2）圆盘锯应设置锯盘护罩、分料器、防护挡板安全装置
6	圆盘锯	传动部位无防护罩	机械伤害	四级	设防护罩，加强安全检查	《建筑机械使用安全技术规程》（JGJ 33—2012） 第10.1.3条：机械安全装置应齐全有效，传动部位应安装防护罩，各部件应连接紧固。 第10.3.1条：木工圆锯上的旋转锯片必须设置防护罩
7	圆盘锯	无人操作时未切断电源	触电、机械伤害	四级	切断电源，进行安全技术交底，加强安全检查	《建筑机械使用安全技术规程》（JGJ 33—2012） 第10.1.5条：作业后，应切断电源，锁好闸箱，并应进行清理、润滑

续表

序号	风险源（点）	可能发生的事故类型	风险分级	主要防范措施（工程技术、管理、培训教育、个体防护、应急处置措施）	相 关 文 件
8	圆盘锯	未单独设置保护零线，安装漏电保护装置	触电	四级	设保护零线，安漏电保护装置加强安全检查	《市政工程施工安全检查标准》（CJJ/T 275—2018）第3.5.3条：施工机具的检查评定应符合下列规定：2. 圆盘锯使用应符合下列规定：3）圆盘锯应单独设置保护零线，并应安装漏电保护装置
9	手持电动工具	随意接长电源线	触电	四级	拆除接长的电源线，进行安全技术交底加强安全检查	《建筑与市政工程施工现场临时用电安全技术规范》（JGJ/T 46—2024）第7.6.4条：手持式电动工具的负荷线应采用耐气候型的橡皮护套铜芯软电缆，并不得有接头
10	手持电动工具	随意更换插头	触电	四级	拆除不符合要求的插头，进行安全技术交底加强安全检查	《建筑与市政工程施工现场临时用电安全技术规范》（JGJ/T 46—2024）第7.6.5条：手持式电动工具的标识、外壳、手柄、插头、开关、负荷线等必须完好无损，使用前对工具外观检查合格后进行空载检查，空载运转正常后方可使用
11	手持电动工具	操作人员未使用防护用品	触电	四级	进行安全技术交底，佩戴劳动防护用品，加强检查	《建筑与市政工程施工现场临时用电安全技术规范》（JGJ/T 46—2024）第7.6.6条：使用手持式电动工具时，作业人员应穿戴安全防护用品
12	手持电动工具	Ⅰ类手持电动工具未单独设置保护零线	触电	四级	单独设置保护零线，安装漏电保护装置加强检查	《建筑与市政工程施工现场临时用电安全技术规范》（JGJ/T 46—2024）第7.6.1条：在一般场所使用手持式电动工具，应符合下列规定：宜选用Ⅱ类手持式电动工具；当选用Ⅰ类手持式电动工具时，其金属外壳应与保护接地导体（PE）做电气连接，连接点应牢固可靠

续表

序号	风险源（点）	可能发生的事故类型	风险分级	主要防范措施（工程技术、管理、培训教育、个体防护、应急处置措施）	相 关 文 件
12	手持电动工具	Ⅰ类手持电动工具未单独设置保护零线，安装漏电保护装置	触电	四级	单独设置保护零线，安装漏电保护装置加强检查	《市政工程施工安全检查标准》（CJJ/T 275—2018） 第3.5.3条：施工机具的检查评定应符合下列规定： 3. 手持电动工具使用应符合下列规定： 2）Ⅰ类手持电动工具应单独设置保护零线，并应安装漏电保护装置
13	钢筋机械	未单独设置保护零线，安装漏电保护装置	触电	四级	设保护零线，安漏电保护装置加强安全检查	《市政工程施工安全检查标准》（CJJ/T 275—2018） 第3.5.3条：施工机具的检查评定应符合下列规定： 4. 钢筋使用应符合下列规定： 2）钢筋机械应单独设置保护零线，并应安装漏电保护装置
14	钢筋机械	冷拉作业区未设防护	机械伤害	四级	进行安全技术交底，设防护区，加强安全检查	《建筑机械使用安全技术规程》（JGJ 33—2012） 第9.5.2条：冷拉场地应设置警戒区，并应安装防护栏及警告标志。非操作人员不得进入警戒区。作业时，操作人员与受拉钢筋的距离应大于2m。 《市政工程施工安全检查标准》（CJJ/T 275—2018） 第3.5.3条：施工机具的检查评定应符合下列规定： 4. 钢筋机械使用应符合下列规定： 5）钢筋冷拉作业应设置防护栏。 《建筑与市政施工现场安全卫生与职业健康通用规范》（GB 55034—2022） 第3.6.4条：机械作业应设置安全区域，严禁非作业人员在作业区停留、通过、维修或保养机械。当进行清洁、保养、维修机械时，应设置警示标识，待切断电源、机械停稳后，方可进行操作

续表

序号	风险源（点）		可能发生的事故类型	风险分级	主要防范措施（工程技术、管理、培训教育、个体防护、应急处置措施）	相 关 文 件
15	钢筋机械	机械传动部位未设置防护罩	机械伤害	四级	进行安全技术交底，设防护罩，加强安全检查	《市政工程施工安全检查标准》（CJJ/T 275—2018） 第3.5.3条：施工机具的检查评定应符合下列规定： 4. 钢筋机使用应符合下列规定： 6）机械传动部位应设置防护罩
16	电焊机	未单独设置保护零线，安装漏电保护装置	触电	四级	组设保护零线，安漏电保护装置加强安全检查	《市政工程施工安全检查标准》（CJJ/T 275—2018） 第3.5.3条：施工机具的检查评定应符合下列规定： 5. 电焊机使用应符合下列规定： 2）电焊机械应单独设置保护零线，并应安装漏电保护装置
17	电焊机	未设置二次空载降压保护器	触电	四级	进行安全技术交底，设置二次空载降压保护器	《市政工程施工安全检查标准》（CJJ/T 275—2018） 第3.5.3条：施工机具的检查评定应符合下列规定： 5. 电焊机使用应符合下列规定： 3）电焊机械应设置二次空载降压保护器
18	电焊机	一次线、二次线长度及保护不符合要求	触电	四级	进行安全技术交底，对不符合要求的一次线、二次线长度及保护按规范要求进行整改	《建筑机械使用安全技术规程》（JGJ 33—2012） 第12.1.17条：电焊机的一次侧电源线长度不应大于5m，二次线应采用防水橡皮套铜芯软电缆，电缆长度不应大于30m，接头不得超过3个，并应双线到位。当需要加长导线时，应相应增加导线的截面积。当导线通过道路时，应架高，或穿入防护管内埋设在地下；当通过轨道时，应从轨道下面通过。当导线绝缘受损或断股时，应立即更换。

续表

序号	风险源（点）		可能发生的事故类型	风险分级	主要防范措施（工程技术、管理、培训教育、个体防护、应急处置措施）	相 关 文 件
18	电焊机	一次线、二次线长度及保护不符合要求	触电	四级	进行安全技术交底，对不符合要求的一次线、二次线长度及保护按规范要求进行整改	《市政工程施工安全检查标准》（CJJ/T 275—2018） 第3.5.3条：施工机具的检查评定应符合下列规定： 5. 电焊机械使用应符合下列规定： 4）电焊机的一次侧电源线长度不应大于5m，并应穿管保护。 5）电焊机的二次侧线应采用防水橡皮护套铜芯软电缆，二次侧线长度不应大于30m，二次侧线绝缘层应符合国家现行相关标准要求
19	电焊机	交流电焊机未安装二次侧触电保护装置	触电	四级	进行安全技术交底，安装二次侧触电保护装置	《建筑机械使用安全技术规程》（JGJ 33—2012） 第12.1.17条：交流电焊机应安装防二次侧触电保护装置。 《市政工程施工安全检查标准》（CJJ/T 275—2018） 第3.5.3条：施工机具的检查评定应符合下列规定： 5. 电焊机使用应符合下列规定： 7）交流电焊机应安装防二次侧触电保护装置
20	电焊机	在管道内焊接作业时，未采取防触电、中毒和窒息措施	触电、中毒和窒息	三级	进行安全技术交底，采取通风、防触电措施，加强安全检查	《建筑机械使用安全技术规程》（JGJ 33—2012） 第12.1.11条：在容器内和管道内焊割时，应采取防止触电、中毒和窒息的措施。焊、割密闭容器时，应留出气孔，必要时应在进、出气口处装通风设备；容器内照明电压不得超过12V；容器外应有专人监护。

续表

序号	风险源（点）		可能发生的事故类型	风险分级	主要防范措施（工程技术、管理、培训教育、个体防护、应急处置措施）	相 关 文 件
20	电焊机	在管道内焊接作业时，未采取防触电、中毒和窒息措施	触电、中毒和窒息	三级	进行安全技术交底，采取通风、防触电措施，加强安全检查	《建筑与市政施工现场安全卫生与职业健康通用规范》（GB 55034—2022） 第3.10.6条：管道、容器内进行焊接作业时，应采取可靠的绝缘或接地措施，并应保障通风
21	搅拌机	未单独设置保护零线，安装漏电保护装置	触电	四级	组设保护零线，安漏电保护装置加强安全检查	《市政工程施工安全检查标准》（CJJ/T 275—2018） 第3.5.3条：施工机具的检查评定应符合下列规定： 5．搅拌机使用应符合下列规定： 2）搅拌机械应单独设置保护零线，并应安装漏电保护装置
22	搅拌机	料斗上、下限位装置不灵敏，保险装置不齐全不完好，钢丝绳达到报废标准	机械伤害	四级	停止作业，配齐完好符合要求的限位、保险装置，对达到报废的钢丝绳进行更换，加强安全检查	《建筑机械使用安全技术规程》（JGJ 33—2012） 第8.2.3条：作业前应重点检查下列项目，并应符合相应要求： 1．料斗上、下限位装置应灵敏有效，保险销、保险链应齐全完好。钢丝绳完好，无达到报废条件
23	搅拌机	制动器、离合器失灵	机械伤害	四级	停止作业，更换符合要求的制动器、离合器，加强安全检查	《建筑机械使用安全技术规程》（JGJ 33—2012） 第8.2.3条：作业前应重点检查下列项目，并应符合相应要求： 2．制动器、离合器应灵敏可靠
24	搅拌机	上料斗未设置安全挂钩或止挡装置	机械伤害	四级	设置安全挂钩或止挡装置，加强安全检查	《市政工程施工安全检查标准》（CJJ/T 275—2018） 第3.5.3条：施工机具的检查评定应符合下列规定： 6．搅拌机使用应符合下列规定： 4）上料斗应设置安全挂钩或止挡装置，传动部位应设置防护罩

续表

序号	风险源（点）	可能发生的事故类型	风险分级	主要防范措施（工程技术、管理、培训教育、个体防护、应急处置措施）	相 关 文 件
25	搅拌机	传动部位无防护罩	机械伤害	四级	设防护罩，加强安全检查	《建筑机械使用安全技术规程》（JGJ 33—2012） 第8.2.3条：作业前应重点检查下列项目，并应符合相应要求： 3. 各传动机构、工作装置应正常。开式齿轮、皮带轮等传动装置的安全防护罩应齐全可靠。齿轮箱、液压油箱内的油质和油量应符合要求。 《市政工程施工安全检查标准》（CJJ/T 275—2018） 第3.5.3条：施工机具的检查评定应符合下列规定： 6. 搅拌机使用应符合下列规定： 4）上料斗应设置安全挂钩或止挡装置，传动部位应设置防护罩
26	搅拌机	作业平台不平稳	坍塌、机械伤害	四级	采取措施，使平台平稳，加强安全检查	《市政工程施工安全检查标准》（CJJ/T 275—2018） 第3.5.3条：施工机具的检查评定应符合下列规定： 6. 搅拌机使用应符合下列规定： 6）作业平台应平稳可靠
27	搅拌机	搅拌机检查未断电未设专人监护	机械伤害	四级	检查未断电并设监护安排专人监护	《建筑机械使用安全技术规程》（JGJ 33—2012） 第8.2.8条：搅拌机运转时，不得进行维修、清理工作。当作业人员需进入搅拌筒内作业时，应先切断电源，锁好开关箱，悬挂"禁止合闸"的警示牌，并应派人专人监护

续表

序号	风险源（点）		可能发生的事故类型	风险分级	主要防范措施（工程技术、管理、培训教育、个体防护、应急处置措施）	相 关 文 件
28	气瓶	气瓶未安装减压器、回火防止器，罐瓶附件不完整	容器爆炸	三级	安装减压器、回火防止器，检查罐瓶附件保持完整，加强安全检查	《建设工程施工现场消防安全技术规范》（GB 50720—2011） 第6.3.3条：施工现场用气应符合下列规定： 1. 储装气体的罐瓶及其附件应合格、完好和有效；严禁使用减压器及其他附件缺损的氧气瓶，严禁使用乙炔专用减压器、回火防止器及其他附件缺损的乙炔瓶。 《市政工程施工安全检查标准》（CJJ/T 275—2018） 第3.5.3条：施工机具的检查评定应符合下列规定： 7.气瓶使用应符合下列规定： 1）气瓶使用应安装减压器，乙炔瓶应安装回火防止器，气瓶应灵敏可靠。 《建筑与市政施工现场安全卫生与职业健康通用规范》（GB 55034—2022） 第3.11.7条：压力容器及其附件应合格、完好和有效。严禁使用减压器或其他附件缺损的氧气瓶。严禁使用乙炔专用减压器、回火防止器或其他附近缺损的乙炔气瓶
29	气瓶	气瓶安全距离不足	容器爆炸	三级	按规范、规程要求放置气瓶，保持安全距离，加强安全检查	《建设工程施工现场消防安全技术规范》（GB 50720—2011） 第6.3.3条：施工现场用气应符合下列规定： 4.气瓶使用时，应符合下列规定： 2）氧气瓶与乙炔瓶的工作间距不应小于5m，气瓶与明火作业点的距离不应小于10m。

续表

序号	风险源（点）		可能发生的事故类型	风险分级	主要防范措施（工程技术、管理、培训教育、个体防护、应急处置措施）	相关文件
29	气瓶	气瓶安全距离不足	容器爆炸	三级	按规范、规程要求放置气瓶，保持安全距离，加强安全检查	《市政工程施工安全检查标准》（CJJ/T 275—2018） 第3.5.3条：施工机具的检查评定应符合下列规定： 7. 气瓶使用应符合下列规定： 3）乙炔瓶与氧气瓶之间的距离不得少于5m，气瓶与明火之间的距离不得小于10m。 《建筑机械使用安全技术规程》（JGJ 33—2012） 第12.9.7条：作业时，乙炔瓶与氧气瓶之间的距离不得少于5m，气瓶与明火之间的距离不得少于10m
30	气瓶	气瓶露天暴晒	容器爆炸	三级	按规范、规程要求存放气瓶，采取遮阳措施，加强安全检查	《建设工程施工现场消防安全技术规范》（GB 50720—2011） 第6.3.3条：施工现场用气应符合下列规定： 2. 气瓶运输、存放、使用时，应符合下列规定： 3）气瓶应远离火源，与火源的距离不应小于10m，并应采取避免高温和防止曝晒的措施。 《市政工程施工安全检查标准》（CJJ/T 275—2018） 第3.5.3条：施工机具的检查评定应符合下列规定： 7. 气瓶使用应符合下列规定： 4）气瓶不得暴晒或倾倒放置
31	气瓶	气瓶使用或存放时平放	容器爆炸	四级	进行安全技术交底，按规范、规程要求使用、存放气瓶，加强安全检查	《建设工程施工现场消防安全技术规范》（GB 50720—2011） 第6.3.3条：施工现场用气应符合下列规定： 2. 气瓶运输、存放、使用时，应符合下列规定：

续表

序号	风险源（点）		可能发生的事故类型	风险分级	主要防范措施（工程技术、管理、培训教育、个体防护、应急处置措施）	相 关 文 件
31	气瓶	气瓶使用或存放时平放	容器爆炸	四级	进行安全技术交底，按规范、规程要求使用、存放气瓶，加强安全检查	1）气瓶应保持直立状态，并采取防倾倒措施，乙炔瓶严禁横躺卧放。 《市政工程施工安全检查标准》（CJJ/T 275—2018） 第3.5.3条：施工机具的检查评定应符合下列规定： 7. 气瓶使用应符合下列规定： 4）气瓶不得暴晒或倾倒放置
32	气瓶	气瓶橡皮气管老化	容器爆炸	四级	更换气瓶橡皮气管，加强安全检查	《建设工程施工现场消防安全技术规范》（GB 50720—2011） 第6.3.3条：施工现场用气应符合下列规定： 4. 气瓶使用时，应符合下列规定： 1）使用前，应检查气瓶及气瓶附件的完好性，检查连接气路的气密性，并采取避免气体泄漏的措施，严禁使用已老化的橡皮气管
33	气瓶	同时使用两种气体作业时，未同时安装单向阀	容器爆炸	三级	进行安全技术交底，同时使用两种气体作业时，均安装单向阀，加强安全检查	《市政工程施工安全检查标准》（CJJ/T 275—2018） 第3.5.3条：施工机具的检查评定应符合下列规定： 7. 气瓶械使用应符合下列规定： 5）同时使用两种气体作业时，不同气瓶均应安装单向阀。 《建筑机械使用安全技术规程》（JGJ 33—2012） 第12.9.6条：乙炔钢瓶使用时，应设有防止回火的安装装置；同时使用两种气体作业时，不同气瓶都应安装单向阀，防止气体相互倒灌

续表

序号	风险源（点）	可能发生的事故类型	风险分级	主要防范措施（工程技术、管理、培训教育、个体防护、应急处置措施）	相 关 文 件
34	潜水泵	无漏电保护器或漏电保护器规格不匹配	触电	三级	加装漏电保护器或更换符合要求的漏电保护器，进行安全技术交底，加强安全检查	《建筑机械使用安全技术规程》（JGJ 33—2012） 第13.18.3条：潜水泵应装设保护接零和漏电保护装置，工作时，泵周围30m以内水面，不得有人、畜进入。 《建筑与市政工程施工现场临时用电安全技术规范》（JGJ/T 46—2024） 第3.3.4条：开关箱中剩余电流动作保护器的额定剩余动作电流不应大于30mA，额定剩余电流动作时间不应大于0.1s。潮湿或有腐蚀介质场所的剩余电流动作保护器应采用防溅型产品，其额定剩余动作电流不应大于15mA，额定剩余电流动作时间不应大于0.1s。 《市政工程施工安全检查标准》（CJJ/T 275—2018） 第3.5.3条：施工机具的检查评定应符合下列规定： 7. 潜水泵使用应符合下列规定： 1）潜水泵应单独设置保护零线，并应安装漏电保护装置
35	潜水泵	水泵负荷线破损、有接头，不符合要求	触电	三级	更换符合要求的线缆，加强安全检查	《建筑与市政工程施工现场临时用电安全技术规范》（JGJ/T 46—2024） 第7.7.2条：混凝土搅拌机、插入式振动器、平板振动器、地面抹光机、水磨石机、钢筋加工机械和木工机械的供电线路应采用耐候型橡皮套铜芯软电缆，并不得有任何破损和接头。水泵的供电线路应采用防水橡皮护套铜芯软电缆，不得有任何破损和接头，且不得承受任何外力。

续表

序号	风险源（点）	可能发生的事故类型	风险分级	主要防范措施（工程技术、管理、培训教育、个体防护、应急处置措施）	相 关 文 件
35	潜水泵	水泵负荷线破损、有接头，不符合要求	触电	三级	更换符合要求的线缆，加强安全检查	《市政工程施工安全检查标准》（CJJ/T 275—2018） 第3.5.3条：施工机具的检查评定应符合下列规定： 7. 潜水泵使用应符合下列规定： 2）负荷线应采用专用防水橡皮电缆，不得有接头
36	振捣器	未作保护接零或未设置漏电保护器	触电	三级	作保护接零、设置漏电保护器，进行安全技术交底，加强安全检查	《建筑机械使用安全技术规程》（JGJ 33—2012） 第8.1.4条：电气设备作业应符合现行行业标准《建筑与市政工程施工现场临时用电安全技术规范》（JGJ/T 46—2024）的有关规定。插入式、平板式振捣器的漏电保护器应采用防溅型产品，其额定漏电动作电流不应大于15mA，额定漏电动作时间不应大于0.1s。 《市政工程施工安全检查标准》（CJJ/T 275—2018） 第3.5.3条：施工机具的检查评定应符合下列规定： 7. 振捣器使用应符合下列规定： 1）振捣器应单独设置保护零线，并应安装漏电保护装置
37	振捣器	操作人员未穿戴绝缘防护用品	触电	三级	进行安全技术交底，开展培训教育，操作人员应正确穿戴绝缘防护用品，加强安全检查	《建筑机械使用安全技术规程》（JGJ 33—2012） 第8.6.2条：操作人员作业时应穿戴符合要求的绝缘鞋和绝缘手套。 《市政工程施工安全检查标准》（CJJ/T 275—2018） 第3.5.3条：施工机具的检查评定应符合下列规定： 7. 振捣器使用应符合下列规定： 3）操作人员应正确穿戴绝缘手套、绝缘靴

续表

序号	风险源（点）	可能发生的事故类型	风险分级	主要防范措施（工程技术、管理、培训教育、个体防护、应急处置措施）	相 关 文 件
38	桩工机械	安全装置不齐全、不灵敏可靠	机械伤害	四级	停止作业，配齐完整可靠的安全装置，组织验收，验收合格后方可使用	《市政工程施工安全检查标准》（CJJ/T 275—2018） 第3.5.3条：施工机具的检查评定应符合下列规定： 10. 桩工机械使用应符合下列规定： 3）桩工机械应安装安全装置，并应灵敏可靠
39	桩工机械	承载力不满足使用说明书要求	机械伤害	四级	遵守专项方案或操作规程，进行加固，满足要求后方可使用	《建筑机械使用安全技术规程》（JGJ 33—2012） 第7.1.3条：施工现场应按桩机使用说明书的要求进行整平压实，地基承载力应满足桩机的使用要求，在基坑和围堰内打桩，应配置足够的排水设备。 《市政工程施工安全检查标准》（CJJ/T 275—2018） 第3.5.3条：施工机具的检查评定应符合下列规定： 10. 桩工机械使用应符合下列规定： 4）桩工机械作业区域地面承载力应符合国家现行相关标准要求。 《建筑与市政施工现场安全卫生与职业健康通用规范》（GB 55034—2022） 第3.6.1条：机械操作人员应按机械使用说明书规定的技术性能、承载能力和使用条件正确操作、合理使用机械，严禁超载、超速作业或扩大范围

续表

序号	风险源（点）		可能发生的事故类型	风险分级	主要防范措施（工程技术、管理、培训教育、个体防护、应急处置措施）	相 关 文 件
40	桩工机械	与输电线路安全距离不符合要求	触电	三级	停止作业，按专项施工方案或技术规范要求采取隔离措施，进行安全技术交底，加强安全检查	《建筑机械使用安全技术规程》（JGJ 33—2012） 第7.1.4条：桩机作业区内不得有妨碍作业的高压线路、地下管道和埋设电缆。作业区应有明显标志或围栏，非工作人员不得进入。 《建筑与市政工程施工现场临时用电安全技术规范》（JGJ/T 46—2024） 第8.1.2条：在施工程（含脚手架）的周边与外电架空线路的边线之间的最小安全操作距离应符合表8.1.2规定。 表8.1.2 在施工程（含脚手架）的周边与架空线路的边线之间的最小安全操作距离 | 外电线路电压等级（kV）	<1	1～10	35～110	220	330～500 | |---|---|---|---|---|---| | 最小安全操作距离（m） | 7.0 | 8.0 | 8.0 | 10.0 | 15.0 | 注：上下脚手架的斜道不宜设在有外电线路的一侧。
41	桩工机械	未进行技术交底并留存文字记录	机械伤害	四级	遵守专项方案或操作规程，进行技术交底并留存记录	《建筑机械使用安全技术规程》（JGJ 33—2012） 第7.1.6条：作业前，应由项目负责人向作业人员作详细的安全技术交底。桩机的安装、试机、拆除应严格按照设备使用说明书的要求进行

续表

序号	风险源（点）	可能发生的事故类型	风险分级	主要防范措施（工程技术、管理、培训教育、个体防护、应急处置措施）	相 关 文 件
42	桩工机械	成孔后，不浇筑混凝土时未及时封盖	高处坠落	三级	遵守专项方案或操作规程要求做好孔口防护措施，进行技术交底，加强安全检查	《建筑机械使用安全技术规程》（JGJ 33—2012）第7.1.23条：桩孔成型后，当暂不浇注混凝土时，孔口必须及时封盖
43	桩工机械	停机、检修时桩锤未落地	机械伤害、物体打击	四级	按规范、规程要求停机、检修锤落地，进行安全技术交底	《建筑机械使用安全技术规程》（JGJ 33—2012）第7.1.24条：作业中，当停机时间较长时，应将桩锤落下垫稳。检修时，不得悬吊桩锤
44	空压机	未作保护接零或未设置漏电保护器	触电	三级	作保护接零、设置漏电保护器，加强安全检查	《市政工程施工安全检查标准》（CJJ/T 275—2018）第3.5.3条：施工机具的检查评定应符合下列规定：12.空压机使用应符合下列规定：4）电动空压机应单独设置保护零线，并应安装漏电保护装置
45	空压机	传动部位未设置防护罩	机械伤害	四级	设置防护罩，加强安全检查	《市政工程施工安全检查标准》（CJJ/T 275—2018）第3.5.3条：施工机具的检查评定应符合下列规定：12.空压机使用应符合下列规定：5）空压机传动部位应设置防护罩
46	空压机	压力表、安全阀不齐全，不灵敏可靠	爆炸	二级	保持压力表、安全阀处于完好状态，加强安全检查	《市政工程施工安全检查标准》（CJJ/T 275—2018）第3.5.3条：施工机具的检查评定应符合下列规定：12.空压机使用应符合下列规定：6）空压机应安装压力表、安全阀，并应灵敏可靠

续表

序号	风险源（点）		可能发生的事故类型	风险分级	主要防范措施（工程技术、管理、培训教育、个体防护、应急处置措施）	相 关 文 件
47	空压机	储气罐有明显锈蚀和损伤	爆炸	三级	清退不符合要求的储气罐，更换符合要求的压力表、安全阀	《市政工程施工安全检查标准》（CJJ/T 275—2018）第3.5.3条：施工机具的检查评定应符合下列规定：12. 空压机使用应符合下列规定：7）储气罐不得有明显锈蚀和损伤
48	土石方机械	作业半径有人停留或经过	机械伤害	四级	停止作业，清理停留或经过人员，设专人指挥，进行安全技术交底，加强安全检查	《建筑机械使用安全技术规程》（JGJ 33—2012）第5.1.10条：机械回转作业时，配合人员必须在机械回转半径以外工作。当需要在回转半径以内工作时，必须将机械停止回转并制动
49	土石方机械	作业时，接触传动部位；停止作业或维修时未将工作装置降到最低位置	机械伤害	四级	按规范、规程要求做操作维修机械，进行安全技术交底，加强安全检查	《建筑机械使用安全技术规程》（JGJ 33—2012）第5.1.6条：机械运行中，不得接触转动部位。在修理工作装置时，应将工作装置降到最低位置，并应将悬空工作装置垫上垫木
50	土石方机械	遇到应停止作业的环境或条件未停止作业	坍塌、淹溺、机械伤害	二级	立即停止作业，进行安全技术交底，加强安全检查	《建筑机械使用安全技术规程》（JGJ 33—2012）第5.1.9条：在施工中遇到下列情况之一时应立即停工：1. 填挖区土体不稳定，土体有可能坍塌；2. 地面涌水冒浆，机械陷车，或因雨水机械在坡道打滑；3. 遇大雨、雷电、浓雾等恶劣天气；4. 施工标志及防护设施被损坏；5. 工作面安全净空不足

续表

序号	风险源（点）		可能发生的事故类型	风险分级	主要防范措施（工程技术、管理、培训教育、个体防护、应急处置措施）	相 关 文 件
51	小型起重机具	未设置缓冲器	机械伤害	四级	设置缓冲器，加强安全检查	《市政工程施工安全检查标准》（CJJ/T 275—2018） 第3.5.3条：施工机具的检查评定应符合下列规定： 14. 小型起重机具使用应符合下列规定： 2）电动葫芦应设缓冲器，严禁两台及以上手拉葫芦同时起吊重物
52	小型起重机具	两台及以上手拉葫芦同时起吊重物	起重伤害	四级	进行安全技术交底，遵守专项方案或操作规程，加强安全检查	《市政工程施工安全检查标准》（CJJ/T 275—2018） 第3.5.3条：施工机具的检查评定应符合下列规定： 14. 小型起重机具使用应符合下列规定： 2）电动葫芦应设缓冲器，严禁两台及以上手拉葫芦同时起吊重物
53	小型起重机具	基础或载体不牢固	起重伤害	四级	进行安全技术交底，采取加固措施	《市政工程施工安全检查标准》（CJJ/T 275—2018） 第3.5.3条：施工机具的检查评定应符合下列规定： 14. 小型起重机具使用应符合下列规定： 3）承载机具的基础或载体应牢固可靠
54	小型起重机具	未设置防脱钩装置	起重伤害	四级	设置防脱钩装置，加强安全检查	《市政工程施工安全检查标准》（CJJ/T 275—2018） 第3.5.3条：施工机具的检查评定应符合下列规定： 14. 小型起重机具使用应符合下列规定： 6）滑轮、吊钩、卷筒应按国家现行相关标准要求设置防脱钩装置

续表

序号	风险源（点）	可能发生的事故类型	风险分级	主要防范措施（工程技术、管理、培训教育、个体防护、应急处置措施）	相 关 文 件
55	小型起重机具	滑轮、吊钩、卷筒磨损变形超过标准要求	起重伤害	三级	更换不符合要求的滑轮、吊钩、卷筒，加强安全检查	《建筑机械使用安全技术规程》（JGJ 33—2012） 第4.1.30条：建筑重机械的吊钩和吊环严禁补焊，出现下列情况之一时应更换：表面有裂纹、破口；危险断面及钩劲永久变形；挂绳处断面磨损超过高度10%；吊钩衬套磨损超过原厚度50%；销轴磨损超过其直径的5%
56	小型起重机具	钢丝绳磨损、断丝、变形、锈蚀不符合规范要求	起重伤害	三级	更换不符合要求的钢丝绳，加强安全检查	《起重机 钢丝绳 保养、维护、检验和报废》（GB/T 5972—2023） 第6章：可见断丝、钢丝绳直径减小、断股（整股断裂）、腐蚀（钢丝表面重度凹痕以及钢丝松弛、腐蚀碎屑从外层绳股之间的股沟溢出、干燥钢丝和绳股之间的持续摩擦产生钢质微粒的移动，然后是氧化，并产生形态为干粉（类似红铁粉）状的内部腐蚀碎屑）、畸形和损伤（波浪形、笼状畸形、绳芯或绳股突出或扭曲、钢丝的环状突出、绳径局部增大、局部扁平、扭结、折弯、热和电弧引起的损伤）

5.3 恶劣天气

恶劣天气施工安全风险管控清单（表5-3）的制定参考了《建筑与市政施工现场安全卫生与职业健康通用规范》（GB 55034—2022）、《施工脚手架通用规范》（GB 55023—2022）、《建筑施工脚手架安全技术统一标准》（GB 51210—2016）、《建筑施工模板安全技术规范》（JGJ 162—2008）、《建筑机械使用安全技术规程》(JGJ 33—2012)、《建筑施工工具式脚手架安全技术规范》(JGJ 202—2010)、《建筑施工高处作业安全技术规范》(JGJ 80—2016)、《关于印发防暑降温措施管理办法的通知》(安监总安健〔2012〕89号)。

表 5-3　　　　　　　恶劣天气施工安全风险管控清单

序号	风险源（点）	可能发生的事故类型	风险分级	主要防范措施（工程技术、管理、培训教育、个体防护、应急处置措施）	相关文件
1	雷雨、强风天气	雷雨、6级以上大风中在脚手架上作业	高处坠落、物体打击	三级	停止作业，进行安全技术交底，加强安全检查	《施工脚手架通用规范》(GB 55023—2022) 第5.3.2条：雷雨天气、6级及以上大风天气应停止架上作业；雨、雪、雾天气应停止脚手架的搭设和拆除作业，雨、雪、霜后上架作业应采取有效的防滑措施，雪天应清除积雪。 《建筑施工脚手架安全技术统一标准》(GB 51210—2016) 第11.2.3条：雷雨天气、6级及以上强风天气应停止架上作业；雨、雪、雾天气应停止脚手架的搭设和拆除作业，雨、雪、霜后上架作业应采取有效的防滑措施，雪天应清除积雪。 《建筑与市政施工现场安全卫生与职业健康通用规范》(GB 55034—2022) 第3.2.6条：遇雷雨、大雪、浓雾或作业场所5级以上大风等恶劣天气时，应停止高处作业
2	雷雨、强风天气	雨天进行脚手架的搭设和拆除作业	高处坠落、物体打击	三级	停止作业，进行安全技术交底，加强安全检查	《施工脚手架通用规范》(GB 55023—2022) 第5.3.2条：雷雨天气、6级及以上大风天气应停止架上作业；雨、雪、雾天气应停止脚手架的搭设和拆除作业，雨、雪、霜后上架作业应采取有效的防滑措施，雪天应清除积雪。

续表

序号	风险源（点）		可能发生的事故类型	风险分级	主要防范措施（工程技术、管理、培训教育、个体防护、应急处置措施）	相 关 文 件
2	雷雨、强风天气	雨天进行脚手架的搭设和拆除作业	高处坠落、物体打击	三级	停止作业，进行安全技术交底，加强安全检查	《建筑施工脚手架安全技术统一标准》（GB 51210—2016）第11.2.3条：雷雨天气、6级及以上强风天气应停止架上作业；雨、雪、雾天气应停止脚手架的搭设和拆除作业，雨、雪、霜后上架作业应采取有效的防滑措施，雪天应清除积雪
3	雷雨、强风天气	雷雨、强风天气支拆模板	高处坠落、物体打击	三级	停止作业，进行安全技术交底，加强安全检查	《建筑施工模板安全技术规范》（JGJ 162—2008）第8.0.20条：若遇恶劣天气，如大雨、大雾、沙尘、大雪及6级以上大风时，应停止露天高处作业。6级及以上风力时，应停止高空吊运作业。雨雪停止后，应及时清除模板和地面上的冰雪及积水
4	雷雨、强风天气	在6级以上大风中进行起重机械的安装拆卸作业	高处坠落、起重伤害	三级	停止作业，进行安全技术交底，加强安全检查	《建筑机械使用安全技术规程》（JGJ 33—2012）第4.1.14条：在风速达到9.0m/s及以上或大雨、大雪、大雾等恶劣天气时，严禁进行建筑起重机械的安装拆卸作业。《建筑与市政施工现场安全卫生与职业健康通用规范》（GB 55034—2022）第3.4.7条：大型起重机械严禁在雨、雾、霾、沙尘等低能见度天气时进行安装拆卸作业；起重机械最高处的风速超过9.0m/s时，应停止起重机械安装拆卸作业

续表

序号	风险源（点）		可能发生的事故类型	风险分级	主要防范措施（工程技术、管理、培训教育、个体防护、应急处置措施）	相 关 文 件
5	雷雨、强风天气	在5级以上大风中进行起重吊装作业	高处坠落、起重伤害	三级	停止作业，进行安全技术交底，加强安全检查	《建筑机械使用安全技术规程》(JGJ 33—2012) 第4.1.15条：在风速达到12.0m/s及以上或大雨、大雪、大雾等恶劣天气时，应停止露天的起重吊装作业。重新作业前，应先试吊，并应确认各种安全装置灵敏可靠后进行作业 《建筑施工起重吊装工程安全技术规范》(JGJ 276—2012) 第3.0.12条：大雨、雾、大雪及6级以上大风等恶劣天气应停止吊装作业。雨雪后进行吊装作业时，应及时清理冰雪并应采取防滑和防漏电措施，先试吊，确认制动器灵敏可靠后方可进行作业
6	雷雨、强风天气	在5级以上大风中进行吊篮作业	高处坠落、物体打击	三级	停止作业，进行安全技术交底，加强安全检查	《建筑施工工具式脚手架安全技术规范》(JGJ 202—2010) 第5.5.19条：当吊篮施工遇到有雨雪、大雾、风沙及5级以上大风等恶劣天气时，应停止作业，并应将吊篮平台停放至地面，应对钢丝绳、电缆进行绑扎固定
7	雷雨、强风天气	在5级以上大风中室外动火作业	火灾	三级	停止作业，进行安全技术交底，加强安全检查	《建设工程施工现场消防安全技术规范》(GB 50720—2011) 第6.3.1条：施工现场用火应符合下列规定： 7. 5级（含5级）以上风力时，应停止焊接、切割等室外动火作业；确需动火作业时，应采取可靠的挡风措施

续表

序号	风险源（点）	可能发生的事故类型	风险分级	主要防范措施（工程技术、管理、培训教育、个体防护、应急处置措施）	相 关 文 件
8	雷雨、强风天气 / 露天攀登作业	高处坠落	三级	停止作业，进行安全技术交底，加强安全检查	《建筑施工高处作业安全技术规范》（JGJ 80—2016） 第3.0.8条：在雨、霜、雾、雪等天气进行高处作业时，应采取防滑、防冻和防雷措施，并应及时清除作业面上的水、冰、雪、霜。当遇有6级及以上强风、浓雾、沙尘暴等恶劣气候，不得进行露天攀登与悬空高处作业。雨雪天气后，应对高处作业安全设施进行检查，当发现松动、变形、损坏或脱落等现象时，应立即修理完善，维修合格后方可使用。 《建筑与市政施工现场安全卫生与职业健康通用规范》（GB 55034—2022） 第3.2.6条：遇雷雨、大雪、浓雾或作业场所5级以上大风等恶劣天气时，应停止高处作业
9	雷雨、强风天气 / 悬空高处作业	高处坠落	三级	停止作业，进行安全技术交底，加强安全检查	《建筑施工高处作业安全技术规范》（JGJ 80—2016） 第3.0.8条：在雨、霜、雾、雪等天气进行高处作业时，应采取防滑、防冻和防雷措施，并应及时清除作业面上的水、冰、雪、霜。当遇有6级及以上强风、浓雾、沙尘暴等恶劣气候，不得进行露天攀登与悬空高处作业。雨雪天气后，应对高处作业安全设施进行检查，当发现松动、变形、损坏或脱落等现象时，应立即修理完善，维修合格后方可使用。 《建筑与市政施工现场安全卫生与职业健康通用规范》（GB 55034—2022） 第3.2.6条：遇雷雨、大雪、浓雾或作业场所5级以上大风等恶劣天气时，应停止高处作业

续表

序号	风险源（点）	可能发生的事故类型	风险分级	主要防范措施（工程技术、管理、培训教育、个体防护、应急处置措施）	相 关 文 件
10	高温天气	高温天气进行施工，无防中暑措施	中暑	四级	停止作业，进行安全技术交底，加强安全检查	《关于印发防暑降温措施管理办法的通知》（安监总安健〔2012〕89号）第八条：在高温天气期间，用人单位应当按照下列规定，根据生产特点和具体条件，采取合理安排工作时间、轮换作业、适当增加高温工作环境下劳动者的休息时间和减轻劳动强度、减少高温时段室外作业等措施：（一）用人单位应当根据地市级以上气象主管部门所属气象台当日发布的预报气温，调整作业时间，但因人身财产安全和公众利益需要紧急处理的除外：1. 日最高气温达到40℃以上，应当停止当日室外露天作业；2. 日最高气温达到37℃以上、40℃以下时，用人单位全天安排劳动者室外露天作业时间累计不得超过6小时，连续作业时间不得超过国家规定，且在气温最高时段3小时内不得安排室外露天作业；3. 日最高气温达到35℃以上、37℃以下时，用人单位应当采取换班轮休等方式，缩短劳动者连续作业时间，并且不得安排室外露天作业劳动者加班。《建筑与市政施工现场安全卫生与职业健康通用规范》（GB 55034—2022）第3.15.1条：高温条件下，作业人员应正确佩戴个人防护用品

5.4 现场消防

现场消防安全风险管控清单（表5-4）的制定参考了《建筑与市政工程施

工现场临时用电安全技术规范》(JGJ/T 46—2024)、《建设工程施工现场消防安全技术规范》(GB 50720—2011)。

表 5-4　　　　　　　　　　现场消防安全风险管控清单

序号	风险源（点）	可能发生的事故类型	风险分级	主要防范措施（工程技术、管理、培训教育、个体防护、应急处置措施）	相　关　文　件
1	易燃易爆场所	库房内材料堆放安全距离不足，或未单独存放，或未设置禁火标志	火灾	四级	进行安全技术交底，按有关规范、规程要求存放材料、设警示标志，定期开展安全检查	《建设工程施工现场消防安全技术规范》(GB 50720—2011) 第6.2.2条：可燃材料及易燃易爆危险品应按计划限量进场。进场后，可燃材料宜存放于库房内，露天存放时，应分类成垛堆放，垛高不应超过 2m，单垛体积不应超过 50m³，垛与垛之间的最小间距不应小于 2m，且应采用不燃或难燃材料覆盖；易燃易爆危险品应分类专库储存，库房内应通风良好，并应设置严禁明火标志
2	易燃易爆场所	油漆、有机溶剂、汽油、柴油等未按规定存放	火灾、爆炸	三级	进行安全技术交底，按有关规范、规程要求存放材料、设警示标志，定期开展安全检查	《建设工程施工现场消防安全技术规范》(GB 50720—2011) 第6.2.3条：室内使用油漆及其有机溶剂、乙二胺、冷底子油等易挥发产生易燃气体的物资作业时，应保持良好通风，作业场所严禁明火，并应避免产生静电
3	易燃易爆场所	可燃材料库使用高热灯具（碘钨灯或者60°以上白炽灯照明）或易燃易爆危险品库房未使用防爆灯具；灯具与易燃物距离不符合要求	火灾	四级	进行安全技术交底，按规范、规程要求使用符合要求的照明灯具，加强安全检查	《建筑与市政工程施工现场临时用电安全技术规范》(JGJ/T 46—2024) 第9.3.2条：室外220V灯具地面不应小于3m，室内220V灯具距地面不应小于2.5m。普通灯具与易燃物之间的距离不宜小于300mm；自身发热较高灯具与易燃物之间的距离不宜小于500mm，且不得直接照射易燃物。达不到上述安全距离时，应采取隔热措施

续表

序号	风险源（点）	可能发生的事故类型	风险分级	主要防范措施（工程技术、管理、培训教育、个体防护、应急处置措施）	相 关 文 件
3	易燃易爆场所	可燃材料库使用高热灯具（碘钨灯或者60°以上白炽灯照明）或易燃易爆危险品库房未使用防爆灯具；灯具与易燃物距离不符合要求	火灾	四级	进行安全技术交底，按规范、规程要求使用符合要求的照明灯具，加强安全检查	《建设工程施工现场消防安全技术规范》（GB 50720—2011） 第6.3.2条：施工现场用电应符合下列规定： 6. 可燃材料库房不应使用高热灯具，易燃易爆危险品库房内应使用防爆灯具。 7. 普通灯具与易燃物的距离不宜小于300mm，聚光灯、碘钨灯等高热灯具与易燃物的距离不宜小于500mm
4	易燃易爆场所	氧气、乙炔瓶罐瓶及附件不完好，存放不满足要求，无防雨防晒措施	火灾、爆炸	四级	进行安全技术交底，按规范、规程要求使用、存放，并保持氧气、乙炔瓶罐瓶及附件完好，开展安全检查	《建设工程施工现场消防安全技术规范》（GB 50720—2011） 第6.3.3条：施工现场用气应符合下列规定： 1. 储装气体的罐瓶及其附件应合格、完好和有效；严禁使用减压器及其他附件缺损的氧气瓶，严禁使用乙炔专用减压器、回火防止器及其他附件缺损的乙炔瓶。 2. 气瓶运输、存放、使用时，应符合下列规定： 1) 气瓶应保持直立状态，并采取防倾倒措施，乙炔瓶严禁横躺卧放。 3) 气瓶应远离火源，与火源的距离不应小于10m，并应采取避免高温和防止曝晒的措施。 3. 气瓶应分类储存，库房内应通风良好；空瓶和实瓶同库存放时，应分开放置，空瓶和实瓶的间距不应小于1.5m

续表

序号	风险源（点）		可能发生的事故类型	风险分级	主要防范措施（工程技术、管理、培训教育、个体防护、应急处置措施）	相 关 文 件
5	易燃易爆场所	动火作业区未设灭火器，无专人监护	火灾	四级	停止作业，进行安全技术交底，设灭火器具、专人监护	《建设工程施工现场消防安全技术规范》（GB 50720—2011） 第6.3.1条：施工现场用火应符合下列规定： 6.焊接、切割、烘烤或加热等动火作业应配备灭火器材，并应设置动火监护人进行现场监护，每个动火作业点均应设置1个监护人
6	易燃易爆场所	吸烟、动用明火	火灾	四级	立即停止吸烟、动用明火行为，进行安全技术交底，加强安全检查	《建设工程施工现场消防安全技术规范》（GB 50720—2011） 第6.3.1条：施工现场用火应符合下列规定： 9.具有火灾、爆炸危险的场所严禁明火。 第6.2.3条：室内使用油漆及其有机溶剂、乙二胺、冷底子油等易挥发产生易燃气体的物资作业时，应保持良好通风，作业场所严禁明火，并应避免产生静电。 第6.4.5条：施工现场严禁吸烟
7	易燃易爆场所	库房电路设置不规范	火灾、触电	四级	按规范、规程要求整改不规范的电路	《建设工程施工现场消防安全技术规范》（GB 50720—2011） 第6.3.2条：施工现场用电应符合下列规定： 3.电气设备与可燃、易燃易爆危险品和腐蚀性物品应保持一定的安全距离。 4.有爆炸和火灾危险的场所，应按危险场所等级选用相应的电气设备。 5.配电屏上每个电气回路应设置漏电保护器、过载保护器，距配电屏2m范围内不应堆放可燃物，5m范围内不应设置可能产生较多易燃、易爆气体、粉尘的作业区

续表

序号	风险源（点）		可能发生的事故类型	风险分级	主要防范措施（工程技术、管理、培训教育、个体防护、应急处置措施）	相 关 文 件
8	易燃易爆场所	易燃易爆品库房搭建不规范	火灾	四级	按规范、规程要求重新搭建易燃易爆品库房，验收合格后方可投入使用	《建设工程施工现场消防安全技术规范》（GB 50720—2011） 第4.2.2条：发电机房、变配电房、厨房操作间、锅炉房、可燃材料库房及易燃易爆危险品库房的防火设计应符合下列规定： 1. 建筑构件的燃烧性能等级应为A级。 2. 层数应为1层，建筑面积不应大于200m^2。 3. 可燃材料库房单个房间的建筑面积不应超过30m^2，易燃易爆危险品库房单个房间的建筑面积不应超过20m^2
9	易燃易爆场所	施工产生的可燃、易燃垃圾或余料未及时清理	火灾	四级	清除可燃、易燃垃圾或余料，进行安全技术交底	《建设工程施工现场消防安全技术规范》（GB 50720—2011） 第6.2.4条：施工产生的可燃、易燃建筑垃圾或余料，应及时清理
10	施工现场消防	违规动火、使用火种	火灾	三级	进行安全技术交底，严格执行动火审批制度，加强安全检查	《建设工程施工现场消防安全技术规范》（GB 50720—2011） 第6.3.1条：施工现场用火应符合下列规定： 1. 动火作业应办理动火许可证；动火许可证的签发人收到动火申请后，应前往现场查验并确认动火作业的防火措施落实后，再签发动火许可证
11	施工现场消防	未配置灭火器或灭火器失效或配置不足	火灾	三级	按规范规程标准配置符合要求的灭火器，定期开展检查	《建设工程施工现场消防安全技术规范》（GB 50720—2011） 第5.2.1条：在建工程及临时用房的下场所应配置灭火器： 1. 易燃易爆危险品存放及使用场所。 2. 动火作业场所。 3. 可燃材料存放、加工及使用场所。 4. 厨房操作间、锅炉房、发电机房、变配电房、设备用房、办公用房、宿舍等临时用房。

续表

序号	风险源（点）	可能发生的事故类型	风险分级	主要防范措施（工程技术、管理、培训教育、个体防护、应急处置措施）	相 关 文 件
11	施工现场消防	未配置灭火器或灭火器失效或配置不足	火灾	三级	按规范规程标准配置符合要求的灭火器，定期开展检查	5. 其他具有火灾危险的场所。 第5.2.2条：施工现场灭火器配置应符合下列规定： 3. 灭火器的配置数量应按现行国家标准《建筑灭火器配置设计规范》（GB 50140—2005）的有关规定经计算确定，且每个场所的灭火器数量不应少于2具

5.5 施工用房

施工用房安全风险管控清单（表5-5）的制定参考了《建设工程施工现场环境与卫生标准》（JGJ 146—2013）、《建筑与市政工程施工现场临时用电安全技术规范》（JGJ/T 46—2024）、《建设工程施工现场消防安全技术规范》（GB 50720—2011）、《建筑施工高处作业安全技术规范》（JGJ 80—2016）、《施工现场临时建筑物技术规范》（JGJ/T 188—2009）、《水利工程建设项目生产安全重大事故隐患清单指南（2023年版）》。

表5-5　　　　　　施工用房安全风险管控清单

序号	风险源（点）	可能发生的事故类型	风险分级	主要防范措施（工程技术、管理、培训教育、个体防护、应急处置措施）	相 关 文 件
1	办公区	办公室内私拉乱接电线	触电	四级	拆除私拉乱接电线进行安全培训教育，定期开展安全检查	《建设工程施工现场消防安全技术规范》（GB 50720—2011） 第6.3.2条：施工现场用电应符合下列规定： 9. 严禁私自改装现场供用电设施

续表

序号	风险源（点）	可能发生的事故类型	风险分级	主要防范措施（工程技术、管理、培训教育、个体防护、应急处置措施）	相 关 文 件
2	办公区	办公室使用电加热器	触电、火灾	四级	清除办公室使用电加热器，进行安全培训教育，定期开展安全检查	《建设工程施工现场环境与卫生标准》（JGJ 146—2013） 第5.1.6条：未经施工总承包单位批准，施工现场和生活区不得使用电热器具
3	办公区	未正确或按数量配备灭火器	火灾	四级	执行规范规程要求，配足符合要求的灭火器，定期开展安全检查	《建设工程施工现场消防安全技术规范》（GB 50720—2011） 第5.2.1条：在建工程及临时用房的下列场所应配置灭火器： 1. 易燃易爆危险品存放及使用场所。 2. 动火作业场所。 3. 可燃材料存放、加工及使用场所。 4. 厨房操作间、锅炉房、发电机房、变配电房、设备用房、办公用房、宿舍等临时用房。 5. 其他具有火灾危险的场所。 第5.2.2条：施工现场灭火器配置应符合下列规定： 3. 灭火器的配置数量应按现行国家标准《建筑灭火器配置设计规范》（GB 50140—2005）的有关规定经计算确定，且每个场所的灭火器数量不应少于2具
4	食堂	食堂无卫生许可证、炊事员无健康证	其他伤害	四级	办理食堂无卫生许可证、炊事员持健康证上岗，定期开展检查	《建设工程施工现场环境与卫生标准》（JGJ 146—2013） 第5.2.2条：食堂应取得相关部门颁发的许可证，并应悬挂在制作间醒目位置。炊事人员必须经体检合格并持证上岗

续表

序号	风险源（点）		可能发生的事故类型	风险分级	主要防范措施（工程技术、管理、培训教育、个体防护、应急处置措施）	相关文件
5	食堂	冰柜（箱）生、熟食混放	其他伤害	四级	进行食堂卫生安全培训教育，生、熟食分开存放	《建设工程施工现场环境与卫生标准》（JGJ 146—2013）第5.2.6条：生熟食品应分开加工和保存，存放成品或半成品的器皿应有耐冲洗的生熟标识。成品或半成品应遮盖，遮盖品应有正反面标识。各种佐料和副食应存放在密闭器皿内，并应有标识
6	食堂	无消杀等卫生措施	其他伤害	四级	按规范、管理制度开展消杀工作	《建设工程施工现场环境与卫生标准》（JGJ 146—2013）第5.2.1条：办公区和生活区应设专职或兼职保洁员，并应采取灭鼠、灭蚊蝇、灭蟑螂等措施
7	食堂	食堂与厕所、污水池等距离小于15米	其他伤害	四级	对不符合安全距离的食堂、厕所、污水等进行整改，使食堂与厕所、污水池等保持符合规范要求的距离	《施工现场临时建筑物技术规范》（JGJ/T 188—2009）第5.3.3条：食堂应符合下列规定：1. 食堂与厕所、垃圾站等污染源的距离不宜小于15m，且不应设在污染源的下风侧
8	食堂	食堂未按规定配备灭火器材	火灾	四级	执行规范规程要求，配足符合要求的灭火器，定期开展安全检查	《建设工程施工现场消防安全技术规范》（GB 50720—2011）第5.2.1条：在建工程及临时用房的下列场所应配置灭火器：1. 易燃易爆危险品存放及使用场所。2. 动火作业场所。3. 可燃材料存放、加工及使用场所。4. 厨房操作间、锅炉房、发电机房、变配电房、设备用房、办公用房、宿舍等临时用房。5. 其他具有火灾危险的场所。

续表

序号	风险源（点）		可能发生的事故类型	风险分级	主要防范措施（工程技术、管理、培训教育、个体防护、应急处置措施）	相 关 文 件
8	食堂	食堂未按规定配备灭火器材	火灾	四级	执行规范规程要求，配足符合要求的灭火器，定期开展安全检查	第5.2.2条：施工现场灭火器配置应符合下列规定： 3. 灭火器的配置数量应按现行国家标准《建筑灭火器配置设计规范》（GB 50140—2005）的有关规定经计算确定，且每个场所的灭火器数量不应少于2具。 《施工现场临时建筑物技术规范》（JGJ/T 188—2009） 第6.0.7条：每100m² 临时建筑应至少配两具灭火级别不低于3A的灭火器，厨房等用火场所应适当增加灭火器的配置数量
9	宿舍	宿舍内私拉乱接电线	触电	四级	拆除私拉乱接电线，进行安全培训教育，定期开展安全检查	《建设工程施工现场消防安全技术规范》（GB 50720—2011） 第6.3.2条：施工现场用电应符合下列规定： 9. 严禁私自改装现场供用电设施
10	宿舍	室内灯具低于2.5米	触电	四级	整改灯具安装位置，保证满足规范要求，定期开展安全检查	《建筑与市政工程施工现场临时用电安全技术规范》（JGJ/T 46—2024） 第9.3.2条：室外220V灯具距地面不得低于3m，室内220V灯具距地面不得低于2.5m
11	宿舍	使用大功率用电设备	触电、火灾	四级	清除大功率用电设备，在固定点集中供电，进行安全培训教育，定期开展安全检查	《施工现场临时建筑物技术规范》（JGJ/T 188—2009） 第11.1.10条：严禁擅自安装、改造和拆除临时建筑内的电线、电器装置和用电设备，严禁使用电炉等大功率用电设备

续表

序号	风险源（点）	可能发生的事故类型	风险分级	主要防范措施（工程技术、管理、培训教育、个体防护、应急处置措施）	相　关　文　件
12	宿舍	宿舍内存放易燃易爆物品	火灾	四级	清除易燃易爆物品，进行安全培训教育，开展安全检查	《施工现场临时建筑物技术规范》（JGJ/T 188—2009） 第11.1.8条：生活区内不得存放易燃、易爆、剧毒、放射源等化学危险品。活动房内不得存放有腐蚀性的化学材料
13	宿舍	电气开关损坏	触电	四级	更换坏的电气开关，定期开展安全检查	《建设工程施工现场消防安全技术规范》（GB 50720—2011） 第6.3.2条：施工现场用电应符合下列规定： 8. 电气设备不应超负荷运行或带故障使用
14	宿舍	生活区宿舍未按规定设置可开启式外窗	触电　火灾	四级	更换符合要求的宿舍外窗	《建设工程施工现场环境与卫生标准》（JGJ 146—2013） 第5.1.6条：施工现场生活区宿舍、休息室必须设置可开启式外窗，床铺不应超过2层，不得使用通铺
15	宿舍	宿舍未按规定配备灭火器材	火灾	四级	执行规范规程要求，配足符合灭火器，定期开展安全检查	《建设工程施工现场消防安全技术规范》（GB 50720—2011） 第5.2.1条：在建工程及临时用房的下列场所应配置灭火器： 1. 易燃易爆危险品存放及使用场所。 2. 动火作业场所。 3. 可燃材料存放、加工及使用场所。 4. 厨房操作间、锅炉房、发电机房、变配电房、设备用房、办公用房、宿舍等临时用房。 5. 其他具有火灾危险的场所。

续表

序号	风险源（点）	可能发生的事故类型	风险分级	主要防范措施（工程技术、管理、培训教育、个体防护、应急处置措施）	相 关 文 件
15	宿舍	宿舍未按规定配备灭火器材	火灾	四级	执行规范规程要求，配足符合要求的灭火器，定期开展安全检查	第5.2.2条：施工现场灭火器配置应符合下列规定： 3. 灭火器的配置数量应按现行国家标准《建筑灭火器配置设计规范》（GB 50140—2005）的有关规定经计算确定，且每个场所的灭火器数量不应少于2具。 《施工现场临时建筑物技术规范》（JGJ/T 188—2009） 第6.0.7条：每100m² 临时建筑应至少配两具灭火级别不低于3A的灭火器，厨房等用火场所应适当增加灭火器的配置数量
16	宿舍	使用空调，未设置专用插座	火灾	四级	执行规范规程要求配备专用插座，定期开展安全检查	《施工现场临时建筑物技术规范》（JGJ/T 188—2009） 第8.4.22条：宿舍每居室电源插座的数量应按使用要求确定，且不应少于2个。电源插座不宜集中在同一面墙上设置。当居室内设置空调器、洗浴用电热水器、机械排气装置等，应另设专用电源插座
17	临时建筑	临时建筑主要构配件防火等级不符合要求（宿舍、办公用房、厨房操作间、易燃易爆危险品库等建筑构件的燃烧性能等级未达到A级；宿舍、办公用房采用金属夹芯板材时，其芯材的燃烧性能等级未达到A级）	火灾	一级	按设计或技术标准要求对不符合要求的临时建筑进行整改，整改完毕后组织验收	《水利工程建设项目生产安全重大事故隐患清单指南（2023年版）》 《建设工程施工现场消防安全技术规范》（GB 50720—2011） 第4.2.1条：宿舍、办公用房防火设计应符合下列规定： 1. 建筑构件的燃烧性能等级应为A级。当采用金属夹芯板材时，其芯材的燃烧性能等级应为A级。 第4.2.2条：发电机房、变配电房、厨房操作间、锅炉房、可燃材料库房及易燃易爆危险品库房的防火设计应符合下列规定： 1. 建筑构件的燃烧性能等级应为A级

续表

序号	风险源（点）	可能发生的事故类型	风险分级	主要防范措施（工程技术、管理、培训教育、个体防护、应急处置措施）	相 关 文 件
18	临时建筑	宿舍、办公用房、厨房操作间、易燃易爆危险品库等消防重点部位安全距离不符合要求且未采取有效防护措施	火灾、爆炸	一级	按设计或技术标准要求采取隔离措施，整改完毕后组织验收	《水利工程建设项目生产安全重大事故隐患清单指南（2023年版）》
19	临时建筑	施工工厂区、施工（建设）管理及生活区、危险化学品仓库布置在洪水、雪崩、滑坡、泥石流、塌方及危石等危险区域	其他伤害	一级	拆除不符合建设位置的建筑，按设计或技术标准要求重新选址搭建，搭建完成后组织验收	《水利工程建设项目生产安全重大事故隐患清单指南（2023年版）》
20	临时建筑	在塔机作业范围内搭设办公生活用房	物体打击	二级	办公生活用房重新选址或按规范要求设置安全防护设施	《建筑施工高处作业安全技术规范》（JGJ 80—2016）第7.1.3条：处于起重机臂架回转范围内的通道，应搭设安全防护棚

第6章 工程项目风险源（点）清单

6.1 工程施工风险源（点）识别清单（范例）

工程施工风险源（点）识别清单（范例）见表6-1。

表6-1　　某工程施工风险源（点）识别清单（范例）

序号	风险源（点）	可能发生的事故类型	风险分级	相关文件
1 基础管理类				
1.1 资质				
1.2 管理体系及制度建设				
1.3 人员资格				
1.4 施工组织设计与方案				
1.5 培训与教育				
1.6 防洪度汛与应急管理				
1.7 安全生产投入				
1.8 职业健康				

续表

序号	风险源（点）	可能发生的事故类型	风险分级	相关文件
2. 施工作业类				
2.1 脚手架工程				
2.2 基坑工程				
2.3 模板工程				
2.4 高处作业				
2.5 有限空间作业				
2.6 隧洞工程				
2.7 顶管工程				
2.8 金属结构制作与设备安装				
2.9 起重吊装				
2.10 围堰施工				
3. 施工管理类				
3.1 临时用电				
3.2 施工机具				
3.3 恶劣天气				
3.4 现场消防				
3.5 施工用房				
备注	风险源（点）"清单"共＊＊项，其中，一级风险＊＊项，占总数的＊＊%；二级风险＊＊项，占总数的＊＊%；三级风险＊＊项，占总数的＊＊%；四级风险＊＊项，占总数的＊＊%。			

编制：　　　　　　审核：　　　　　　批准：

6.2 工程施工风险源（点）管控清单（范例）

工程施工风险源（点）管控清单（范例）见表 6-2。

表 6-2　　某工程施工风险源（点）管控清单（范例）

序号	风险源（点）	风险分级	责任单位及人员	主要防范措施（工程技术、管理、培训教育、个体防护、应急处置措施）
1. 基础管理类				
1.1 资质				
1.2 管理体系及制度建设				
1.3 人员资格				
1.4 施工组织设计与方案				
1.5 培训与教育				
1.6 防洪度汛与应急管理				
1.7 安全生产投入				
1.8 职业健康				
2. 施工作业类				
2.1 脚手架工程				
2.2 基坑工程				
2.3 模板工程				
2.4 高处作业				

续表

序号	风险源（点）	风险分级	责任单位及人员	主要防范措施（工程技术、管理、培训教育、个体防护、应急处置措施）
2.5 有限空间作业				
2.6 隧洞工程				
2.7 顶管工程				
2.8 金属结构制作与设备安装				
2.9 起重吊装				
2.10 围堰施工				
3. 施工管理类				
3.1 临时用电				
3.2 施工机具				
3.3 恶劣天气				
3.4 现场消防				
3.5 施工用房				

编制： 审核： 批准：

附录　现行有关法律、法规与工程建设安全标准

1.《中华人民共和国安全生产法》

2.《建设工程安全生产管理条例》

3.《水利工程建设安全管理规定》

4.《安全生产许可证条例》

5.《房屋市政工程生产安全重大事故隐患判定标准（2024版）》

6.《水利工程建设项目生产安全重大事故隐患清单指南（2023年版）》

7.《危险性较大的分部分项工程安全管理规定》（中华人民共和国住房和城乡建设部8第37号）

8.《工贸企业有限空间作业安全规定》（中华人民共和国应急管理部令第13号）

9.《关于印发防暑降温措施管理办法的通知》（安监总安健〔2012〕89号）

10.《特种设备安全监察条例》

11.《建筑起重机械安全监督管理规定》（中华人民共和国建设部令第166号）

12.《深圳市生产经营单位安全生产主体责任规定》

13.《构建水利安全生产风险管控"六项机制"工作指导手册（2024年版）》

14.《深圳市水务工程暗涵、暗渠等有限空间安全施工作业指引（试行）》（深水污治办〔2019〕71号）

15.《建筑与市政施工现场安全卫生与职业健康通用规范》（GB 55034—2022）

16.《施工脚手架通用规范》（GB 55023—2022）

17.《建设工程施工现场消防安全技术规范》(GB 50720—2011)

18.《给水排水管道工程施工及验收规范》(GB 50268—2008)

19.《盾构法隧道施工及验收规范》(GB 50446—2017)

20.《建筑施工脚手架安全技术统一标准》(GB 51210—2016)

21.《高处作业吊篮》(GB/T 19155—2017)

22.《高空作业车》(GB/T 9465—2018)

23.《起重机 钢丝绳 保养、维护、检验和报废》(GB/T 5972—2023)

24.《市政工程施工安全检查标准》(CJJ/T 275—2018)

25.《建筑施工安全检查标准》(JGJ 59—2011)

26.《建筑机械使用安全技术规程》(JGJ 33—2012)

27.《建筑与市政工程施工现场临时用电安全技术规范》(JGJ/T 46—2024)

28.《建筑施工高处作业安全技术规范》(JGJ 80—2016)

29.《建筑桩基技术规范》(JGJ 94—2008)

30.《建筑基坑支护技术规范》(JGJ 120—2012)

31.《建筑施工扣件式钢管脚手架安全技术规范》(JGJ 130—2011)

32.《建设工程施工现场环境与卫生标准》(JGJ 146—2013)

33.《施工现场机械设备检查技术规范》(JGJ 160—2016)

34.《建筑施工模板安全技术规范》(JGJ 162—2008)

35.《建筑施工土石方工程安全技术规范》(JGJ 180—2009)

36.《建筑施工作业劳动防护用品配备及使用标准》(JGJ 184—2009)

37.《施工现场临时建筑物技术规范》(JGJ/T 188—2009)

38.《建筑施工塔式起重机安装、使用、拆卸安全技术规程》(JGJ 196—2010)

39.《建筑施工工具式脚手架安全技术规范》(JGJ 202—2010)

40.《建筑施工起重吊装工程安全技术规范》(JGJ 276—2012)

41.《建筑深基坑工程施工安全技术规范》(JGJ 311—2013)

42.《盾构法开仓及气压作业技术规范》(CJJ 217—2014)

43. 《水利水电工程施工组织设计规范》(SL 303—2017)
44. 《水利水电工程施工通用安全技术规程》(SL 398—2007)
45. 《水利水电工程土建施工安全技术规程》(SL 399—2007)
46. 《水利水电工程机电设备安装安全技术规程》(SL 400—2016)
47. 《水利水电工程施工作业人员安全操作规程》(SL 401—2007)
48. 《水利水电工程施工安全防护设施技术规范》(SL 714—2015)
49. 《水利水电工程围堰设计规范》(SL 645—2013)
50. 《水利水电工程金属结构制作与安装技术规程》(SL/T 780—2020)
51. 《基坑支护技术标准》(SJG 05—2020)
52. 《水利水电工程施工安全管理导则》(SL 721—2015)